U0160732

寻味东莞

稻来传媒 编著

中信出版集团 | 北京

图书在版编目（CIP）数据

寻味东莞 / 稻来传媒编著. -- 北京：中信出版社，
2022.4
ISBN 978-7-5217-3488-1

I. ①寻… II. ①稻… III. ①饮食－文化－东莞
IV. ①TS971.202.653

中国版本图书馆CIP数据核字（2021）第170926号

中共东莞市委宣传部 出品

寻味东莞
编著：稻来传媒
出版发行：中信出版集团股份有限公司
（北京市朝阳区惠新东街甲4号富盛大厦2座 邮编 100029）
承 印 者：北京启航东方印刷有限公司

开本：880mm×1230mm 1/32 印张：8 字数：200千字
版次：2022年4月第1版 印次：2022年4月第1次印刷
书号：ISBN 978-7-5217-3488-1
定价：69.00元

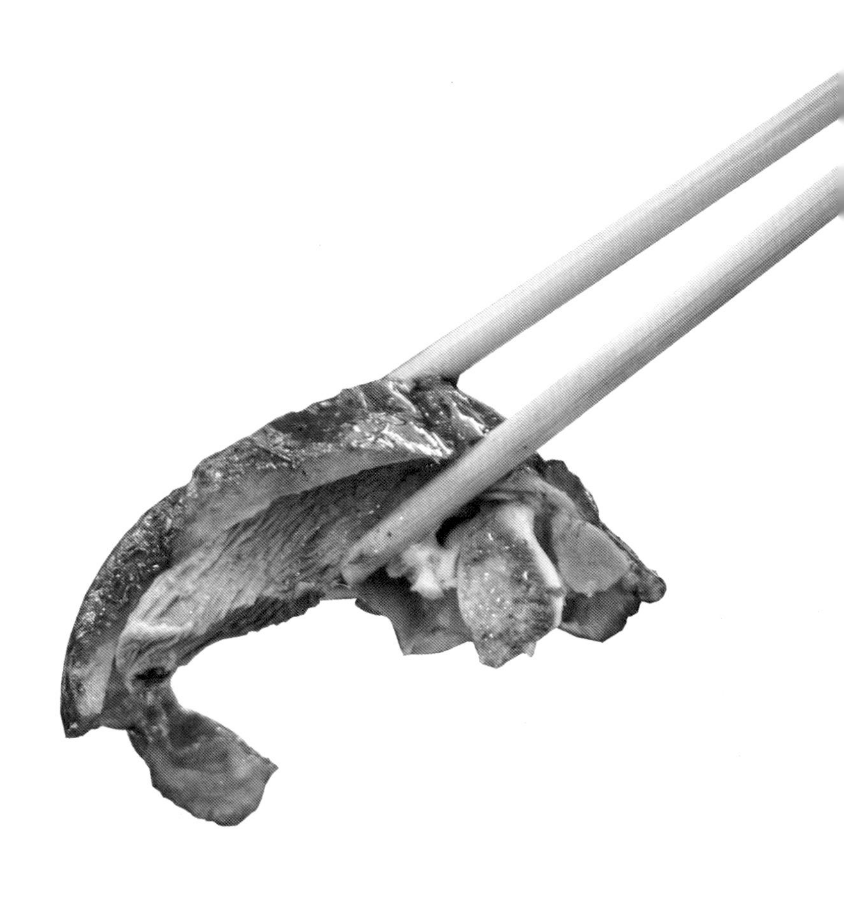

目录

1 被老天眷顾的城市

2
得天独厚

3
山水相逢

4
欢宴流转

序言

哪里不是美食天堂？

我最常被问到的一个问题是：去过这么多地方，你觉得哪里的美食最好吃？

我的回答也很干脆："只要仔细寻找，哪里都有好吃的。"不是这样吗？不必说巴黎、东京、香港、上海这些美食汇聚的国际化大都市，也不必说广州、扬州、京都、里昂这样有美食传统的地方，其实在一些名不见经传的小城抑或乡野，恰好不期而遇一顿美味，那种开心，才称得上喜出望外。

比如我吃过很多鱼，但有一年跟白岩松回家，在海拉尔河东一间不起眼的小店里，随随便便一道铁锅炖鲤鱼，鱼肉也鲜美得让人大吃一惊。蔬菜里，我喜欢茭白，前年在黄岩老扁酒家头回吃到清蒸茭白，清甜得沁人心脾。回北京后，我试着如法炮制，却无奈是霄壤之别。都说牛肉中最好不过和牛，但我至今难忘的是 20 年前，在马尔康市通往甘肃的路上，在一个叫瓦切的三岔路口，一家牧民用细高的水桶炖的牛肉，薄薄一层沙沙的土豆，厚厚一层牛肉，入味又多汁……所以我常说："好'吃货'志在四方，看哪里可能都是美食天堂。"

2017 年"稻来"工作室成立时，除了自己策划的选题，我们接到了第一个订单。考虑到我们团队制作过《寻味顺德》，东莞市负责城市形象推广的领导，希望我们也能制作一部反映东莞美食的纪录片。做了初步调研后，我们打算开工，团队的同事和顾问却有些信心不足。首先，东莞毗邻广州，说起广府菜，大家最多能想到南海菜、番禺菜、顺德菜等几种地方菜，东莞有什么？其次，东莞在很多人心中的印象，往往与外向型企业、中国制造、产业工人甚至其他相关，没听说有美食啊？

我对此有不同的想法，并且对这个节目很有把握。这不仅因为东莞面积不到 3 000 平方公里，却同时拥有丘陵、山地、平原、水乡和珠江入海口，复杂多样的地形与地貌，自然能够催生质地不同、风味有别的食物；也因为近几十年来东莞人流会聚，来自全国乃至世界各地的"新莞人"，带来了不同的生活和饮食习俗。除此，尽管东莞人口城镇化比例超过 90%，但老一辈的东莞人仍然按照古老的时节和传统安排自己的生活。

更重要的是，正是由于东莞长期以来一直以"制造之都"的形象示人，从美食入手，展示东莞人间烟火的一面，让观众产生"差异性认知"，正符合我们"用食物打造地区名片"的想法。这些想法和认知，在节目完成时都一一得到了印证。可以说，《寻味东莞》让很多人从新的视角重新认识了东莞。当然，这当中也包括我。

两年中，我跑遍了东莞大部分镇街，每一趟都有惊喜。东莞其实深藏着很多美食宝藏，但由于市政分布相对分散，它也被网友戏称为“散装美食乐土”。

要是问我东莞哪个地方的食物最美味，我肯定会圆滑地说一句“各有各的风味”。我们的纪录片交代得很清楚，东莞既有太钟东海那样制作精细的食肆，也有肥婆菜馆、阔佬材排骨饭那种烟火升腾的排档。仔细品味，都让人欣喜。

但东莞真正宝贵的，是那些带有地名前缀、无法迁移的食物。无论是莞城的烧鹅濑粉、东坑的阴菜牛展汤、石龙的咸姜水，还是麻涌的紫菜香蕉糖水、高埗洗沙鱼丸、大岭山荔枝柴烧鹅……在各自的镇街才有最正宗的味道。有些食物，甚至离开本地就很难看见。这是当地河网密布，过去长期交通不便在美食分布区域上遗存的结果。节目播出时，东莞本地人最多的留言是：“我是东莞‘土著’，你们拍的真是东莞吗？”

不过，如果非让我选择东莞美食目的地之最，不怕得罪人，我的选择是虎门。我曾两次去虎门，第一次是在蟹田旁边一户农家乐吃的午饭——虎门蟹饼、面酱蒸白鸽鱼、萝卜鸭喉煲、白灼麻虾，好好味（粤语中“非常好吃”的意思），而且全是我以前没有品尝过的。让我们大开眼界的同时，这些食物也被记录进我们的纪录片中。

第二次去虎门是在我们的纪录片播出后，应东莞政府之邀，摄制组重返拍摄现场，同行的还有我们长期合作的顾问老师陈立、张新民、闫涛、敢于胡乱、云无心等。那天参观了编制精巧的林旁粽子作坊后，一行人便去往片中主人公之一明叔的餐厅。菜上来，看着平常，滋味却让人难忘：鲜味浓郁的清蒸虾润、肉质细嫩的油煎鲻鱼，胜瓜[①]和虾米、大蒜同煮，口味清淡却层次丰富，五花肉用虾酱焖，简直就是米饭杀手……

闫涛老师是美食研究学者，平日住在广州。尽管从节目策划阶段就一直参与其中，但对东莞，他仍然多少带着“省会优越感”。看着他把一条鸭喉（腌制的鸭食管）完整地送进嘴里，我问了他一个问题：“如果从广州专程来虎门，只吃一餐饭，值不值得？”闫老师正闭着眼睛，享受爆浆的快感，吭哧半天才说：“如果是这个水准，那当然值得啦！”

转眼两年多了。2018 年 3 月 31 日，是《寻味东莞》纪录片正式开机的日子。那天，我第一次见到了罗叔和他位于银瓶山下的荔枝园。这次回访，我们再次在他的果园中重逢。

在东莞工作的上百个日夜，我们团队的所有人都慢慢喜欢上了这个地方。东莞人低调、务实、厚道。拍摄结束后至今，我们的拍摄对象都和导演们保持频繁联系，他们从纪录片中的被拍摄对象，成为我们生活中的朋友。刚入夏的时候，我就收到了罗叔寄来的荔枝。

尽管我也随着小朋友们称呼他，但罗叔实际上比我大不了几岁。他讷于表达，内心却是个极其浪漫的人。每年过完春节，罗叔就开始打理果园，直到夏季收获。他靠自己的手艺，让家人过上了不错的生活。工作不多的秋天，他会约上几个老哥们儿，自驾周游全国，现在他的车载音响里，还都是 20 年前的劲歌。

“哎呀，你真的是要害死我了！”罗叔的大手依旧那么有力，一见

---

① 因在粤语中“丝”“输”发音类似，故取“输”的反面，用“胜瓜”指代“丝瓜”。——编者注

面就朝我抱怨，节目播出后，罗家订单太多，几乎把他累得半死，“我每天早上 8 点开始工作，要一刻不停做到晚上 9 点，饭都没得吃……”

我听得出，罗叔的抱怨里，更多带着感激。不然你看我们面前一筐筐的龙眼、黄皮，还有枝头上待摘的荔枝，那是为等我们特地留的淮枝。拍纪录片很辛苦，但永远有一个好处，即你可以跳出自己平素生活的圈子，见到更远地方的陌生人，与一段你不熟知的生活并行，这是多么富有的经历。

好吧，我“炫富”了。

重访东莞的那几天，除了罗叔，我还见到了做腐皮豆浆的黄叔、张罗宗族聚会的叶叔、制作阴菜的卢叔……他们都不是专业的厨师，但全部是《寻味东莞》的主人公。一个地方的味道，正飘荡在寻常村落和普通的街巷中。

在《寻味东莞》纪录片中，这座城市不善言谈，却温情脉脉，朴素中都是让人愉悦的人间烟火。这并不是我们为了节目而赋予城市的“人设”，只不过是将我们两年来对东莞的感受，用影像传递给更多的人。希望大家相信，东莞不仅负责“制造”世界，同样负责“制造”美味。

中国人大概是世界上最珍惜和热爱食物的民族，每一个地方的人，不仅有一套完整的食物评判标准，而且都以自己地方的美食为骄傲。

哪里不是美食天堂?

陈晓卿

2022 年 2 月

1
被老天眷顾的城市

这座有1 700多年历史的城市、从香料繁市、
销烟之地、世界工厂，发展成如今的创造之城。
无数人在这里启程、落脚、生生不息。

一座
被水“喂大”的城市

5 000 多年前，珠江三角洲只是零星的岛屿和基岩，那时大家熟悉的东莞水乡片区[1]麻涌镇、中堂镇，都还在汪洋之下；山区片区的银瓶山也只是莲花山脉西南走向上的一个个隆起。

那时，好吃的基因已然种下。这里气候温暖湿热，鱼虾瓜果随处可见。无论是谁，只需俯身，捡拾海边、河滩丰富的动植物就可以填饱肚皮，安逸地生活。

最早的“原住民”

东莞最早的“居民”，是生活在水里的鱼虾蟹贝。气候温暖湿热，海洋的咸水与珠江的淡水在这里交汇，带来大量的营养盐供给水里的浮游生物食用。“大鱼吃小鱼，小鱼吃虾米”，在等级森严的海洋世界里，鱼虾蟹贝往往会因此成为最后的王者，被浮游生物喂养得肥肥胖胖的。

所以当“蚝岗人”[2]来到此地的时候，他们首先发现的就是这群鲜美、敦实的“海洋王者”。没办法，一退潮，岸边全是它们的踪影，

---

① 位于东莞市西北部，属于东江北干流和南支流流经区域，范围包括中堂、望牛墩、麻涌、洪梅、道滘这 5 个镇。——编者注

② 广东省文物考古研究所和东莞市博物馆于 2003 年对蚝岗遗址进行勘探和试掘，同时在这里出土了两具保存完好的新石器时代人类遗骸。伴随着遗骸出土的，有无数吃完的蚝壳和蚌器，因此他们被称作“蚝岗人”。

随便抓一把都是肥美多汁的美味。

“民以食为天”这句话，在东莞从蚝岗人便开始了。

当时的东莞只是汪洋上的一个个群岛，“东莞原住民”除了捕捞不费力气的蚝，还包括随处可见的黄沙蚬。跟蚝一样，蚬也是从那时起就生活在这片河流泥沙里的“居民”。

3 000 多年前，当秋风吹起，潮水退去，如今的虎门填村头社区、石排镇龙眼岗、企石镇万福庵村等地的海边，黄沙蚬成堆地躺在岸边。考古学家在后来的报告里写道：在这里挖出的成堆的蚬壳都两瓣张开，完好无损，说明那时人们就掌握了通过加热使贝壳张开的技法。

《寻味东莞》纪录片 摄

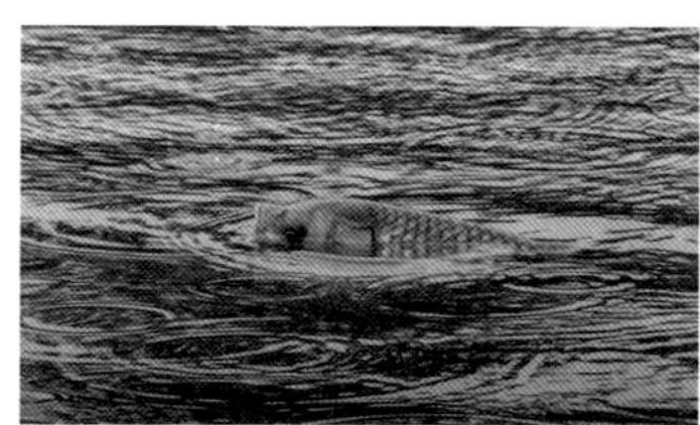

《寻味东莞》纪录片 摄

《寻味东莞》纪录片 摄

这跟今天水乡片区人们吃蚬的方法神奇地保持了一致。“我们小时候，蚬真的多到在河道里随便一铲全都是。你拿个竹簸箕，几个小时能铲出几百斤，洗干净直接煮，水都不用加多少，就是蚬汤了。”中堂人稳叔，也是《寻味东莞》纪录片里制作蚬肉饭的家宴厨师，这样回忆道。

这大概就是蚝和蚬这类软体贝壳类动物对东莞的“深情”：变身蚬肉饭、蚬肉丸、蚬肉煲饭……成就独属于东莞水乡片区的滋味，甚至成为如今水乡片区最响亮的名片之一。

海上生家园

有蚝壳的地方，就有水与岸的交界。

由于淡水和咸水密度不同，水流夹带的泥质和微沙开始在此处沉积。慢慢地，在这原本都是汪洋的地方开始形成了沙洲。土地从古至今都是吸引人驻扎的一个因素，第一批被吸引来的人中，就有“靠海吃海”的疍家人[①]。

疍家人日常以捕捞本地的鱼虾为生，原本除了交易终生不上岸，但沙洲的出现，让他们看到了歇脚的可能。

为了巩固随时可能被海水冲跑的新家园，疍家人开始种植一种在这一带咸水区普遍生长的草。它茂盛，适合用来抵御可能侵蚀、席卷家园的咸潮。他们把这种草叫作咸水草，也叫莞草。东莞的名字，也因它而生。

定居在沙洲的疍家人以“海中王者”鱼虾蟹贝为食。他们白天出

---

① 对中国沿海地区水上居民的统称，主要分布于福建、广东、广西和海南等省份。——编者注

《寻味东莞》纪录片　摄

《寻味东莞》纪录片　摄

《寻味东莞》纪录片　摄

海打鱼——麻虾、凤尾鱼、花鱼、膏蟹——随便一网都能有满满的收获。船的空间不大，只容得下一锅一炉，于是“一锅焗”成了疍家人主要的烹饪方法。虎门蟹饼就保存着当年疍家人饮食习惯里的“一锅焗”的踪影。打捞上来的麻虾、花鱼因当地水质特殊而格外清甜，简单烹饪就可直接吃，加点儿面豉酱更香。

抵御咸潮的莞草也逐渐成为东莞居民的生活帮手：编成草席、垫子，甚至买东西时随手用它来捆扎货物以方便手提。端午节的裹蒸粽，就是用这么一捆捆莞草，把装满糯米、绿豆、蛋黄的美味捆扎严实的。

东莞有米香

疍家人驻扎在东莞后，更多人开始从各地迁徙到这里。明朝前后，人们开始大范围筑堤围田。如今的石龙镇、中堂镇、麻涌镇就是在那时，从汪洋中被人们用双手一点点建立起来的。

那是一场持续了数百年的奋斗，以 20 世纪 50 年代的“四乡联围”最为壮观。

虽然沙洲的形成，带来的是人们可以耕种的土地，但毕竟海就在不远处，当地又处于更低的地势，所以每年总有很多次，海水会随着涨潮倒灌进田地，将所有的劳作成果清零。1955 年，东莞县[1]水利部门决定横跨 4 个乡，修建一个 1 800 公顷的围田，挡住随时可能倒灌的咸潮，靠海的麻涌从此拥有可以安心耕种的良田。

稻谷种下了，一年两收，人们不仅可以吃上米饭，还拥有了把米做成各种形状的食物的可能。濑粉就是其中之一：把米磨成浆，放进麻布袋里，用力均匀地挤压出爽滑的粉条。濑粉简单配清汤

---

① 先为东莞县，1985 年撤县设市，1988 年升为地级市。——编者注

郑志波　摄

《寻味东莞》纪录片　摄

就很好吃，后来的人们还用它搭配烧鹅。从此烧鹅濑粉成为东莞人放不下的心头好。

蔗基鱼塘里的美味

有村的地方，就有鱼塘。而深挖鱼塘、垫高基田、塘基种蔗、塘内养鱼，是岭南独特的风景线。鱼的排泄物沉至塘底，成为营养丰富的腐殖质塘泥；塘泥则发挥其营养价值，成为塘基边甘蔗的肥料。

这种奇妙的创意结合，带给东莞人的不仅是更多的创收可能，还有本地两种截然不同的风味。

珠江水系广泛分布的鲮鱼、鲫鱼、草鱼和鳙鱼，是农民鱼塘的首选。将鲮鱼去骨取肉，去掉鱼皮和鱼腩，剁碎后反复搅打，直至打出胶质，再用拇指和食指一挤就是冼沙村著名的鱼丸。当地几乎人人都会做冼沙鱼丸，在宴席上它会作为压轴大菜呈上，寓意来年吉祥有余。还有一种更复杂的吃法，是取鲮鱼肉碾压至纸片般薄，在里面包入肉馅，人们叫它鱼包，最早只有在酒楼才吃得到，如今生活富足，它也成了寻常百姓的食物。

塘基种植的甘蔗则成就了本地丰富的糖水文化。农耕时代，每个村都有炼糖的土作坊。甘蔗种好后，糖厂收一部分，剩下的都可以留给自家榨汁炼糖。南方的夏天可不只一个“热”字了得，此时如若稻谷不够吃，而体力又大量消耗，糖水便成了人们补充体

《寻味东莞》纪录片　摄

能的指望。

明朝时由东莞虎门人陈益引入中国的番薯是糖水最早的原料之一，番薯切块后加冰糖、水煮熟，干完农活饮一口，果腹的效果立竿见影。糖水逐渐发展，衍生出糖不甩①、芝麻糊，甚至是“暗黑糖水”紫菜香蕉糖水，统统只有一个简单的目的：满足人们体能和味蕾的双重需求。

水乡片区过渡到山区之间，是东莞的丘陵地区。这里既拥有便利的耕地，也拥有丰沛的水源。更多的人愿意在这里扎根，也演化出了独属于东莞丘陵地区的饮食风格。

豆酱就是诞生于本地的一大特色。

① 又名如意果，是广东省的地方传统名点之一。——编者注

钱钧墀　摄

寮步当地的人把种好的黄豆晒干、蒸熟，加盐和酒后进行长达几个月的酿制。这里制作出来的豆酱，拥有他处不可比的浓郁酒香，用花生油化开，无论是拿来腌猪肉还是蒸鱼，都能让人在老远处就像被吸了魂儿，香得口水直流。

香飘四季的山区

莲花山脉西南走向的隆起处，也建起了村落。宋、明两朝迁徙来此的外省人，用自己的双手开垦了这片荒芜的山林。

“荒芜”一词其实并不准确。东莞的山林里长有各种野生水果植物。荔枝、黄皮、龙眼、橄榄就是其中的佼佼者，它们喜欢这里的亚热带气候和相对丰沛的降水，生长异常繁茂。初来乍到的人们看见这些可人的果子，对它们进行了嫁接和培育。尤其是荔枝，在明朝前后东莞山区片区就已经遍布。

在东莞山区各地，至今仍然能找到数百岁高龄的荔枝树。它们在后人的精心照顾下，结着极大、极甜的果子。当地荔枝农也会认真地告诉你：“真正好吃的荔枝，都是老树结的。”都说时间赋予智慧，在东莞，时间赋予了荔枝最佳的甜美。

客家传承的风味

山区拥有勃勃生机，还是在客家人来了以后。

明清时，客家人不断从广州和福建等地迁徙至此，从最初在小范围内安营扎寨，到逐渐与本地人交流、融合，人口规模开始壮大。跟他们一起来的，还有专属于客家的饮食和文化。

比如藏鹅。这是客家人做鹅格外好吃的秘密，开始于每年春节前的两个月。人们买回十几只鹅，放在屋子周围喂养，目的就是赶在春节前喂到肥美，好做成节日里人们最爱的碌鹅和鹅汤粄。刚做好的碌鹅，每一寸肌理都吸饱了卤汁，咬下时每一口都肥美鲜嫩。鹅汤粄则被切成一块块，带着鹅油独特的香气，吸引得你即便快要撑破肚皮，也吃得停不下来。

《寻味东莞》纪录片　摄

陈帆　摄

陈帆　摄

《寻味东莞》纪录片　摄

陈帆　摄

凝聚客家精神的节日习俗也完整地保留在了东莞。

每到重阳节，东莞客家各村的村民就会聚到一起祭拜祖先。宗祠族长会组织村里有经验的大厨，为大家烹饪当天会用到的食物，鹅是不可少的，焖猪肉也是保留项目之一。

就拿龙背岭的客家人来说，每到重阳节，无论多远，他们都会回到自己的村落宗祠，欢聚在一起。那传承数代人的“太公分猪肉”画面，也被完整地记录在了《寻味东莞》纪录片里，成为这里永远的影像记忆之一。

东莞，一座大约只有北京 1/7 大的城市，却拥有从高山到海洋，从水网密布到峰峦叠嶂的丰富地貌。这种得天独厚的优势，让“好吃”成为刻在东莞基因里的密码，也成为指引未来滋味的方向。

作者：梅姗姗

人来人往的精彩

东莞改革开放40多年的“转型”历史，离不开发生于1978年7月15日下午的一个故事。在虎门的太平手袋厂，“三来一补”政策的第一次实施，叩开了东莞改革开放的大门。

1978年的那天下午，东莞太平手袋厂接到了来自香港地区的女包打样测试。当时手袋厂最擅长制作的还是印有“为人民服务”字样的单层帆布袋，欧洲女包的打样难度颇高，但引荐打样测试的是当时的广东省轻工局，员工还是在规定时间内做好了。

下打样订单的港商名叫张子弥，祖籍上海。在看到太平手袋厂的打样后，他签下了300万元的合同订单。太平手袋厂也成为改革开放后内地引入的首家“三来一补”（来料加工、来件装配、来样加工和补偿贸易）企业。

东莞开始飞速发展。

TVB和香港茶餐厅

得宝纸巾、劳工牌洗洁精以及无处不在的茶餐厅，仔细观察东莞人的日常生活，你会发现香港——准确地说是TVB[①]——的影响无处不在。

① 香港电视广播有限公司。——编者注

“我其实一天甜点课都没上过，对甜品的认知和学习都来自TVB，”这是The Lun（东莞万江一家甜品店）的创始人伦浩宇的故事，“预约制也是来自TVB！东莞人应该都知道，那时候TVB在中午会播一档叫作《日本风情画》的节目，我超喜欢看的！”

“我们小时候都是在家说客家话，在学校说普通话，粤语都是看TVB学来的，”这是清溪客家人、怡香食府主厨张叔恩的故事，“所以到现在粤语说得都没那么标准。”

“那时候我在TVB上就看到过西多士[①]、牛排，”石龙翡翠宫的老板袁静筠回忆道，“所以石龙开第一家茶餐厅的时候我就很向往，爸爸、妈妈就带我去了。”

伴随“三来一补”政策的推进，距离最近的港商嗅到了第一波商机。他们经过深圳进入东莞，最先占据了交通运输最方便的樟木头、清溪等地，有的甚至直接回到自己祖籍所在的乡镇，点对点地帮助建厂。像香港著名的早茶品牌“稻香”，就专门把自己的点心加工厂设置在东莞横沥，其产出的点心，每天供给着香港110多家店铺和零售所需。

绝大多数东莞人都有早年去香港做生意或打工的亲戚，也都认识改革开放后回东莞投资的香港朋友。20世纪70年代末到90年代初，带动东莞向“世界工厂”迈出第一步的人群里，港商是最隐形，却又最不容忽视的。而被港商和电视普及带来的TVB饮食文化，则在那十几年里，引领了最高级的时髦风潮。

“香港”二字，深深扎根于东莞人的生活中。它像磁带的AB面，

---

① 香港茶餐厅中最常见的小吃之一，是一种法式吐司。——编者注

是灵魂的共生体，甚至早于 1978 年的改革开放就埋下种子，并持续散发着自己的影响力。

台湾风情街

已进入耄耋之年的郭正津是第一批驻扎东莞的台商之一。

1993 年，时任台湾地区制鞋工业同业公会理事长的他来到大陆，想考察一下是否存在让台商发展的空间。那时港商在东莞已经扎根 10 年，粤闽沿海一带的改革开放力度让郭正津心动。

从福建一路南下到广东，他考察了包括泉州、中山、东莞在内的众多城市，最终决定带领从事制鞋业的台商驻扎厚街，这个在广深高速公路沿线的镇子。也是在那一年，更多的台商开始进入东莞。包括厚街、樟木头、清溪等沿广深高速公路的城市迅速聚集了大量不同领域的台资企业，厚街因人口密集度最高，很快发展成最具有台商代表性的城镇。

伴随着台商在东莞不断建厂，台湾人在东莞的数量也不断攀升。2000 年前后，在东莞的台湾人达到了 7 万。他们甚至选址中堂，在那里专门建立了台商子弟学校。

走在 2000 年前后的厚街康乐南路和珊瑚路，你大概不会认为自己

李梦颖　摄

郑志波　摄

《寻味东莞》纪录片　摄

身处一个大陆城镇。每隔几十米，你就能看见猪脚林、高雄米糕、台湾肉粽、刨冰、臭豆腐、蚵仔煎等招牌，以及专卖台湾食品的超市。

文化的交流总是默默无声。台商把台湾地区的饮食带到大陆，而当地的习俗也影响了在莞台湾人的日常。像《寻味东莞》里邱女士的生活一样，台湾人也逐渐习惯将烫粉（肠粉）当早餐、周末喝早茶的日子，并在过年过节时买些麻葛、硬饼（也叫炒米饼）增添节日氛围，他们已经成了东莞人。

便利店之都

很多人可能不知道，东莞在“世界工厂”的盛名之下，还隐藏着很多“中国第一”的头衔。中国“便利店之都”，就是其中之一。

走在东莞街头，每百米就能看见一家本地品牌的便利店——美宜佳、天福、合家欢——而其密集的程度，甚至让7-ELEVEn等国际知名连锁便利店都难有生存空间。倘若你的手机没电，需要充电宝，突然下雨而你没有伞，无处不在的美宜佳会成为你最好的朋友。

为什么东莞会拥有如此多的便利店？起因还是东莞40多年来迅速腾飞的经济。

1978年以后，伴随着大批工厂在东莞落地，东莞作为“世界制造业之都”的名号随之而起。内陆各省市的人们开始知道东莞拥有巨大的发展契机，大批外省人进入东莞。20世纪90年代中后期，东莞有些小镇本地人只有3万，外来打工者却达到60万，是本地人的20倍。

大量外来务工人员的涌入导致当地对日用品的需求也急剧增长。无论是深入货架间的零食，还是柜台前的橡胶制品，需求量均以肉眼可见的速度增加，便利店便由此诞生。

1990年，被调到东莞糖酒集团担任总经理的原东莞商业局副局长叶志坚被灵感击中，决定尝试流行于香港的连锁超市模式，解决当地日用品供应不足的问题。虎门这个当时最繁华的镇区便成为试验点，第一家美佳超市于1991年在这里正式营业，并在6年间迅速扩张至50家。2000年前后，东莞糖酒集团又推出了美宜佳便利店，满足人们更灵活的日常需求。

如今，在东莞这座城市就有接近4 000家美宜佳便利店。再算上其他品牌，这里每千人就拥有一家便利店，便利店密度为中国第一。

当然，庞大的外来务工人群带给东莞的绝对不只是便利店的数量。

东莞这座城市的口味也因为他们的到来而日新月异。

当你走进东莞一家老字号餐馆，翻开菜单，很大概率能看见他们来过的痕迹——饺子、水煮鱼、锅包肉，每个标志着不同身份的滋味，在东莞都拥有自己的一片世界。

奶茶社交和年轻人的口味

东莞常住人口的平均年龄是 34 岁（2019 年数据），这是一个很有意思的年纪。

这个年纪的人出生于 1986 年，出生的前一年，东莞撤县设市；两岁那年，东莞升格为地级市。东莞不走寻常路，采取了扁平化管理模式，全市 32 个镇区（街道）一视同仁，城镇和乡镇进入均质化。而曾经的乡镇因坐拥土地资源，在 40 年间迅速致富。

在这样的环境和背景下生长的一代东莞人，拥有怎样的性格？东莞一步步升级，建成全国顶尖大剧院、企业孵化基地，并坐拥自带加速度的生活和就业机会，对如今东莞的年轻人又有怎样的影响？

《寻味东莞》里记录的是年轻的甜品店主理人伦浩宇，本书进而采访了更多成长背景各不相同，但这 30 年都生长于东莞的年轻人。撇开不同的人生经历，你会发现一个东西正不断潜入他们的生活，甚至成为社交的话题中心——奶茶。

没错，类似东莞“全国便利店之都”的身份，东莞也拥有“全国奶茶之都”的称号。这里每千人就拥有 1.5 家奶茶店，在东莞南城新建的商圈里，甚至可以达到 200 米内有 20 家奶茶店的密度。

每家奶茶店都尝试使出全身力气在这里安家落户，这里的年轻人也习惯着一日一次的“奶茶社交”。平日年轻人沟通工作或约潜在客户聊天的地点，也从上一辈的酒楼饭桌变成了如今的奶茶店。“喜欢哪家的奶茶”甚至变成一种身份标志，可以让他们从人群里迅速辨别谁跟自己有的聊。

从 1978 年的那一声“惊雷”，到 2020 年本书采编完毕，东莞历经 42 年的飞速发展，并以各种方式，持续着自我革新、自我改变的速度。

但改变中亦有不变，这从《寻味东莞》纪录片里伦浩宇制作的新派火麻仁茶，或石龙老字号翡翠宫对本地传统特产糖柚皮的创新里就能看出。

“这座有 1 700 多年历史的城市，从‘香料繁市’‘销烟之地’‘世界工厂’，发展成如今的‘创造之城’。无数人在这里启程、落脚，生生不息。东莞，这场广阔的盛宴，星月流转，风味长存。”这是《寻味东莞》全片的最后一段话，也是本书里我们希望为您呈现的东莞滋味。

作者：梅姗姗

2 得天独厚

独特的气候，多样的地貌，发达的水系，造就出丰饶的物产，也造就了东莞这座城市。

洗尽铅华，这里的人们依旧因循时节，用淳朴的民风把天时的赐予，凝聚在餐桌之上、美味之中。

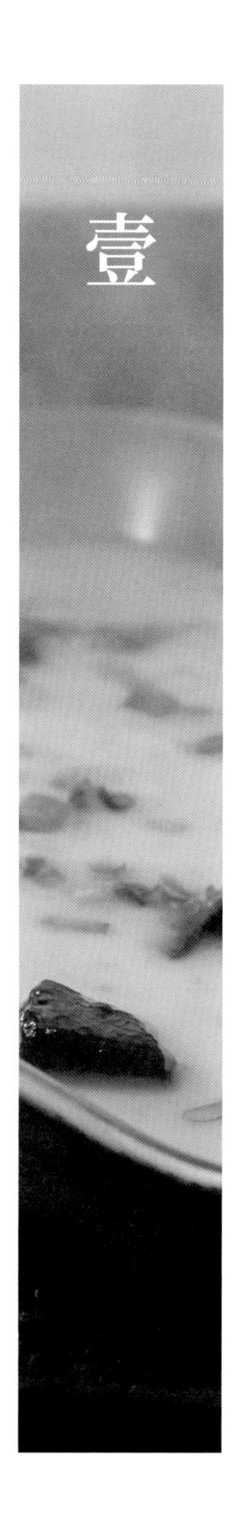

壹

东莞早晨

早晨 6 点，城市准时醒来。东半球的太阳还没来得及冒出头，莞城街巷里已经处处弥漫起夹杂着淡淡米香的氤氲蒸气。

城市还是习惯早起的。老人、年轻人睡眼惺忪地从四面八方的高楼住宅里鱼贯而出，踩着微白的晨光，穿过大街小巷，回到老城的无名小店或老字号茶楼里，和街坊们吆喝着聊上两句，点一份热气腾腾的粥、粉、糕、面，写就每个平凡日子里不可缺少的烟火情致。

一粥一粉，东莞人的早餐本命

东莞人一直找不到最好吃的那碗粥。

10 个东莞人能给出 10 份不同的“最好吃的粥”榜单，并且每个人都说得头头是道：这家的老板娘 30 年如一日凌晨 3 点起来熬粥；那家的老板去市场买食材从来不假手于人，以确保每份肉都新鲜……东莞人的拼搏和讲究，深入一粥一饭。东莞早餐生滚粥[①]界里，没有冠军。但他们也一致承认，东莞孩子的早晨，都心甘情愿被一碗生滚粥唤醒。

---

① 广东传统粥品之一，用预先煮好的白粥加新鲜肉料一锅锅滚熟，这是一种传统，根据用料不同，生滚粥分为牛肉粥、鱼片粥、肉片粥等。——编者注

这碗粥可以是茅根粥、猪红粥、道滘肉丸粥，或者是更丰盛的蟛蜞粥、蟹黄粥……每隔几十米的骑楼下、榕树底，都藏有几家不起眼的早餐店，雨棚布、铁架子一撑开，煤炉一烧就是几十年。咕嘟咕嘟，大锅里滚动着的粥底冒着白气，茅根的清新被放任交融于肉丸猪红粥的肉香间，香气随着晨光一起肆无忌惮地占据街道，让往来的人们精神一振，纷纷撸起衣袖拉开路边的小板凳，在小店里迎接滚烫、新鲜的一天。

河边无名早餐店

营业时间：周一至周日

06：00~12：00

地址：东莞市万江街道沿江东路莞城海事处隔壁

电话：0769-22273017

推荐早餐：猪红粥、茅根粥、瘦肉蒸面、蛋肉肠

茅根粥是东莞早餐粥里被翻牌最多的一种，从无名小店到星级酒楼，它常常在早餐时段被点名。茅根是领着东莞人健康走过一个个时代的恩物。饥荒年代，东莞人发现城郊附近土地里挖出的这种植物根茎，生咬味道甘甜生津，放入寡淡的粥水中能让白粥变得甘甜。加之本地人相信茅根能清热润肺，茅根粥就这样流传开来。几十年过去，当东莞人凭借鱼米之乡的丰厚馈赠和勤劳日渐富裕，这碗不离不弃的茅根粥中除了茅根，逐渐加入玉竹、黄豆、陈皮、腐竹等食材，粥的味道更多了几分丰润与甘甜。

瑞宝早餐店

营业时间：周一至周日

06：00~12：00

地址：东莞市莞城街道万寿路莞城中心小学对面

电话：13650372208

推荐早餐：茅根粥、蛋肉肠粉

一碗两元的茅根粥熬制起来并不简单，一些较讲究的老店常常要分两次熬制，8~10 个小时的熬粥时间跑不掉。第一轮先放茅根和陈皮熬粥底，用煤炉火熬煮过夜；第二轮再加入浸透入味的水和其他配料，店主人凌晨三四点起床用大勺不停搅拌翻煮 2~3 个小时，才能赶在第一道日光前，让大家吃上一碗软绵、清甜的茅根粥。

《寻味东莞》纪录片　摄

《寻味东莞》纪录片　摄

每家早餐店的茅根粥配方都不同，常常是掌勺的老妈妈们根据家中老人和小孩的营养需求和喜好做不同程度的改动。因为怕茅根会过分寒凉，所以新式的茅根粥里已大大减少了茅根的用量，甚至不再用茅根，取而代之的是用来增甜的甘蔗、马蹄、胡萝卜。但茅根粥已经是东莞人早餐里的一种精神信仰，即使没有茅根，人们一样习惯称这碗清甜可口的粥为茅根粥。

东莞人的早餐可咸可甜，在不喝茅根粥的日子里，换一碗咸香入

《寻味东莞》纪录片　摄

《寻味东莞》纪录片　摄

味的猪红粥或鱼片肉丸粥也能喝得朝气蓬勃。前提是，早餐桌上不能遗漏一碟厚实、可口的烫粉和蒸面。尽管做法大致相同，但是东莞人坚持认为烫粉和肠粉是两个物种，烫粉更有地道的人情味和乡村风情，不是流水线、模式化的机器能取代的。煤炉烧透后，蒸笼被水蒸气顶得轰轰作响，在蒸板上抹上一层油，将私家配方的米浆在蒸板上快速散开，形成薄薄一层，再铺上瘦肉，打个鸡蛋，30 秒后蒸熟一卷放入碟中，然后倒一勺秘制酱汁，就是东莞人童年里高配早餐的“双加烫”。要大胆就着那股热气大口吞下，感受粉皮和肉碎在口腔里嫩滑回荡，南方“稻谷之乡”的米香清香鲜滑，相当“上头”。

老店里掌勺的阿姨和叔叔十分热情，每每被问及做了几十年肠粉的心得，他们都说：“啊，不过是自己喜欢吃，所以就多花了心思。”街头每家的烫粉都烫得“简简单单”，几个动作行云流水间就是一碟粉，但每家做出来的味道、口感都不一样。东莞人更愿意相信，烫粉被施予了与众不同的魔法，晨光里滚烫热辣“趁新鲜吃”的一粥一粉，是离开了这片水土就再也无法复制的早餐，是平平无奇中能让人记挂、回味半生的东莞之味。

群姨猪肠粉

营业时间：周一至周日
06：00~12：00
地址：东莞市莞城街道市桥路仁和里 42 号
电话：0769-22219303
推荐早餐：猪肠粉、茅根粥、眉豆糕

爱吃的人都见过早上 6 点东莞大包出炉的模样

万寿路上的瑞宝早餐店老板说过，“赶好吃的粥和肠粉要趁早”，每天 11 点他们就要收档，而他们斜对面的那家东莞朝阳大包更是不等人，“过了 8 点就买不到了”。

没有人讲得出东莞大包的起源，但大家咬一口大包就会承认，“不错，这包子很东莞”。手掌大的东莞大包馅料“富足”：猪肉、卤蛋、冬菇、叉烧、鸡肉，吃一个饱半天。在赶不及坐下喝个粥、吃碟粉的日子里，去包子店里买一个东莞大包就赶去开工，这一整天的开始也能吃得愉快满足。

路口那家不足 10 平方米的朝阳东莞大包店的师傅张树贤，是国家级点心师。从酒楼退下后，他继续做糕点营生。每天凌晨 3 点多起来备料、和面的日子，他们已经过了 30 多年，累倒不觉得，如果哪天 6 点左右还没开门让街坊们吃上新鲜出炉的大包，他们反倒会心生愧疚。开店 30 多年，店里每天能做

朝阳东莞大包
营业时间：周一至周日 06: 00~12: 00
地址：东莞市莞城街道万寿路 1 号
电话：18926852772
推荐早餐：大包、特色豆蓉艾角、焗碧玉蛋糕

钱钧墀　摄

1 000 多个大包，大多在 8 点前卖完。

8 点上班人潮过后，朝阳东莞大包店里会稍稍清闲些。这时，张师傅的太太会站在柜台前卖些独创的紫薯豆蓉冬团、咸煎饼、牛耳酥、蛋糕等点心。

70 岁的张树贤不是固守传统的人，他的大包为了更适应现代人的口味，皮会做得更松软，馅料里的猪肉泥也会调得更为淡香，“猪

《寻味东莞》纪录片　摄

《寻味东莞》纪录片　摄

肉绝对不能用隔夜肉，每天都是买新鲜的”。张师傅知道，挑嘴的东莞人能吃出冰鲜猪肉微妙的腥气。

张师傅心里也清楚，在淀粉摄入量锱铢必较的今天，人们吃东莞大包，吃的更多是情结而不是味道。所以张树贤其实更喜欢别人称赞他的焗碧玉蛋糕或养生艾角粉团，尤其是焗碧玉蛋糕，松软的戚风蛋糕上放了一片脆香的猪皮，其间再夹份甜腻的糖馅，一口咬下，满嘴是猪油香和白糖融化在蛋糕里的味道，非常神奇且好吃；看似普通的艾角，老人也调整为一口大小，里面夹着咸香浓郁的眉豆馅，比传统的红豆沙馅更细腻绵滑。

从朝阳东莞大包店往巷子深处走，穿过细村市场，还有一家“老东莞”，明明不顺路也要多走 20 分钟去吃的小糕点店。小店没有名字，但是如果你和东莞人说要去芹菜塘买糕，他们都立刻会吩咐“帮忙带几块水晶糕”。

光明路芹菜塘里那家人人知晓的无名水晶糕店老板卢润波，虽然没有张树贤国家级点心师的头衔认证，但年轻时也勤勤恳恳地跟着师傅学了几年糕点，密密麻麻地做了几本笔记，对广式传统点心技艺小有心得。小店里的糕点品种不多，其中奶黄馅的糯米糍和莲蓉水晶糕卖得最好，圆盘铁锅现场煎香的蛋黄卷也是经典。卢师傅坚持用 20 世纪 90 年代的古早手法制作的馅儿，味道其实不算惊艳，但不会过分甜腻花巧，是几十年如一日的实在。

芹菜塘糕点店

营业时间：周一至周日

06：30~18：30

地址：东莞市莞城街道光明路芹菜塘葵衣街 21 号葵衣坊斜对面（没有店铺招牌）

推荐早餐：豆腐花、蛋黄卷、水晶糕

卢师傅和太太同样是每天凌晨 3 点起床，泡黄豆、煮豆腐花。东莞的朋友说，这家店的豆腐花豆味最浓、最香，小时候她妈妈会特地带她来吃。她清楚地记得 20 年前，她坐在妈妈的摩托车后座来芹菜塘买玩具，经过糕点店，妈妈还会买一两块小点心塞在她手里。有一次她在车后座睡着了，“哐”地从车后摔了下来，手里还紧紧攥住那块蛋黄卷，从地上爬起来咬了一口，好甜。

20 年后的她常带外地的朋友来吃这家店的水晶糕，朋友们吃完总表示师傅把糕点做得“干净又用心”。她说：“何止用心，还在卖 20 年前同一个味道的点心，我在外面是找不到几家这样的店了。”

质朴、扎实的东莞早餐糕点，逐渐成了东莞人成长中的记录卷轴，不仅记录了长辈对年轻人“有条件了多吃一点，吃好一点”的日常寄望，也记录着东莞人多年来伫立于繁杂洪流里不慌不忙的日常质朴和执着。

李梦颖　摄

“你们广州人、深圳人，喝茶不吃这个?!”

对，广州人、深圳人的点心单上，没有茅根粥，没有烧鹅濑粉，没有道滘蒸肉丸和咸粽，也没有眉豆糕和艾糍。同样是周末一家老小的合家欢休闲早茶，东莞茶楼里吃出了另一种怡然自得的本土原生风味态度。

早茶对于东莞是舶来品，但来东莞吃饭的广州人、香港人都常常感叹，在早茶文化的贯彻上，东莞人执行得更为透彻。东莞人饮茶，能真正饮出不计较的松弛与自在。

东莞孩子还没上学的时候，一个星期会被爷爷、奶奶、爸爸、妈妈带去喝三四次早茶。他们的早茶记忆，在道滘祠堂旁的空地搬来的几张折叠桌上，在虎门海边仿古画舫里摇晃的餐桌上，在人民公园的晨练结束后，和爷爷、奶奶排队排大半个小时的东莞宾馆的粉红桌布上。

除了虾饺、凤爪这类经典的港式或广式点心，东莞人从小吃到大的肠粉和茅根粥自然也要放进茶单。你可以在精致的欧式风情大酒楼里，吃到用不锈钢盘子装着的豆酱排骨，或是直接用砂锅端上、看起来毫不讲究的排骨饭，但胜在热气腾腾、鲜香醒神。以吃为名的情感联结才是东莞早茶的奥义。猪肠粉、紫菜卷、眉豆糕、白糖糕不过是切入话题的引子，人们甚至还喜欢从面前的点心里，一路牵出些过去的味觉记忆、情感和旧事。

当东莞人说喝早茶的时候，他们在吃这些

东莞老饭店

营业时间：周一至周日

07：30~14：00

17：00~21：00

地址：东莞市东城街道东城中路君豪商业中心 6 楼

电话：0769-22325555

东莞迎宾馆

营业时间：周一到周日

08：00~21：00

地址：东莞市南城街道桃源路 1 号（植物园南）

电话：0769-38883999

推荐菜品：早茶点心（虾饺皇、咸水角、燕麦糕、惹味牛肚、蛋挞）、鲫鱼蒸饭

圣丰盛宴酒家

营业时间：周一至周日

07：30~20：30

地址：东莞市东城街道东源路金月湾广场 3 层

电话：0769-22292888

东莞宾馆
营业时间：周一至周日
07：00~14：30
17：00~20：30
地址：东莞市莞城街道东正路 11 号
电话：0769-22222222

东海海都酒家
营业时间：周一至周五
08: 30~14: 30
17: 00~22: 00
周末：08: 00~14: 30
17: 00~22: 00
地址：东莞市南城街道元美东路第一国际中心 6 楼
电话：0769-22856388

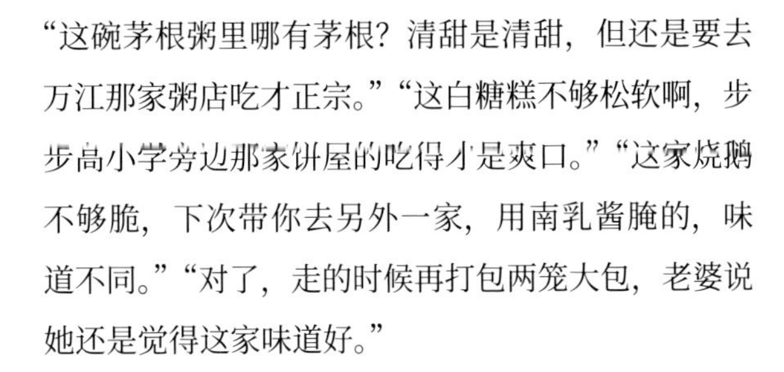

“这碗茅根粥里哪有茅根？清甜是清甜，但还是要去万江那家粥店吃才正宗。”“这白糖糕不够松软啊，步步高小学旁边那家饼屋的吃得才是爽口。”“这家烧鹅不够脆，下次带你去另外一家，用南乳酱腌的，味道不同。”“对了，走的时候再打包两笼大包，老婆说她还是觉得这家味道好。”

当东莞人说沏壶普洱坐下喝个早茶时，一坐就是四五个小时。一盅两件[①]的“不满分”清淡滋味里，更深层的是东莞人傍山吃水几十年的饮食生活密码。

作者：何斯乐

---

① 广式早茶文化的俗称。“一盅”指一盅茶，“两件”指两种点心。饮茶时，大部分人会选择三种甚至更多的点心，因此“一盅两件”被认为是最基本的消费等级。——编者注

端午的
龙舟和粽子

北方人很难想象广东人对扒龙舟的激情，它仿佛是只存在于书本中的传统文化必修课，很远，很美好。所以当一个北方人来到中堂看扒龙舟大赛时，他面临的震撼，不亚于岭南人第一次知道豆浆居然还可以咸吃。

黑压压的人潮，绵延江畔两岸至少一公里多。当锣鼓、爆竹噼里啪啦作响时，每个人都绽着“巨大”的笑容。扛孩子在肩上的，携家带口的，每个人的表情都好像在说这是他们一年中最期盼的活动。虽说参加扒龙舟的选手都是普通村民，队名也朴素到只是各村村名，但眼前的阵仗、气势丝毫不输严肃的国家体育队小组比赛。

一声令下，选手们穿着不同色彩的队服背心，奋力激昂地划动起来。鼓点咚咚的律动，水花晶莹的飞溅，选手撕裂的吼声和龙舟如光速般的前进速度，还有主持人激动的解说，会让在场的每个人肾上腺激素飙到最高值……

扒龙舟那天吃什么？

中堂的扒龙舟大赛每三年举办一次，在农历五月十三，并不是我们以为的端午节当天，即农历五月初五。

这跟本地传统有一定关系。在东莞水乡，端午的庆祝不是一天，而是一整个月。人们从农历四月底开始忙活，扒龙舟更是从农历五月初一持续到十六的活动。每天一个镇，按照潮汐先后顺序排位，五月初一是万江，五月初二是道滘……总之只要在农历五月的上半旬来东莞水乡片区，你就会感受到当地对扒龙舟的热情。

中堂的稳叔曾是龙舟上的鼓手。《寻味东莞》纪录片里，他除了给乡亲做美味的蚬肉饭和蚬汤，另一个工作就是传承鹤田龙舟队的打鼓技艺。“我们那时候都是要训练的！”提到从前扒龙舟打鼓的日子，他就会特别激动，“平时是工作完了后练两个小时，扒龙舟之前就是集训一个月！早上四个小时，下午四个小时，一直到农历五月十二。而且都是自愿的！”

待到扒龙舟当天，大家都精神饱满。“早上龙舟队会一起组织早饭，喝个豆浆，吃个白糖糕。”稳叔说道。白糖糕是一种用白糖和糯米加水混合均匀发酵后充满气孔的蒸糕，广东各地都有，甜冽可口。

“打鼓的人很重要！要打得让人兴奋起来，选手才能划得更卖力、

陈栋　摄

钱钧墀　摄

更快。”

让人卖力光靠打鼓可不够，还需要美味来扛起大旗。除了白糖糕，扒龙舟那天人们另一个必吃的食物是龙船饭。

龙船饭在过去只出现在端午月。它类似焖饭，主料可以是大米或者糯米，配菜也可以根据不同习惯进行调整，一般少不了新鲜豆角丁、鱿鱼干丁、肉丁和鸡蛋。配菜切好后首先分别炒制，最后搅拌进焖好的饭里，加上一些简单的调味料，龙船饭就做好了。

东莞水乡的龙船饭口味偏甜，这也是这里的食物不易察觉的特点。曾经辛苦的务农劳作，外加本地悠久的甘蔗种植历史，让老人们认为吃饭做菜时加点儿糖，可以让体力支撑得持久一些。

扒龙舟的那天早上，村里的男性会准备龙舟赛事宜，女性则会组织起来，在岸边不远处的空地上支起大棚开始做龙船饭。每个人分工各有不同：有的切菜，有的炒菜，有的焖饭，有的则负责将所有的饭菜搅拌均匀。

大锅的龙船饭以村为单位进行制作，做好后放在桶里，旁边还有一桶桶类似生熟地龙骨汤的“去火汤”。每户村民都可以来领，被邀请来看扒龙舟的外村人也可以一起享用。大家或站着，或坐着，或蹲着，一边吃龙船饭一边闲话家常，共同等待下午的扒龙舟决赛。

参赛选手饿了就会过来吃两口，不饿的就休息会儿，准备下午的比赛。“总之龙船饭就是午饭！”稳叔说。

下午决赛过后，胜负揭晓。获胜的村将会获得最高礼品——烧猪！

一排排烧猪在比赛开始前就被扎上大红头花等在岸边，早年甚至有分大猪和小猪的说法。第一名拿最大的那排烧猪，第二名拿小一点儿的。如今虽说烧猪还在，但奖金这种更为现代的方法也被纳入奖励范围内。

赢了比赛的村子抬着烧猪回家，此时村口祠堂前已经摆放好几十桌甚至上百桌酒席。赢得龙舟比赛是属于全村的荣耀，每家每户都可以分到半斤到一斤烧猪，也会举家出来吃这场为了欢庆夺冠的“围饭”。鸡、鹅、鱼是肯定不会少的，酒也不会缺席。

“就是给村里一个交流情感、不醉不归的理由嘛！”稳叔乐呵呵地回忆道。

众所周知的端午节庆食品——粽子，并不会出现在中堂龙舟节的村落宴席上。它在端午节前一个月就开始制作，直到农历五月初

《寻味东莞》纪录片　摄

《寻味东莞》纪录片　摄

《寻味东莞》纪录片　摄

四结束。村子里各家分一些，想什么时候吃都行。

“其实在你们拍蚬肉饭和蚬汤之前，我最出名的就是包粽子！村里的酒店都来跟我定呢！”稳叔的眼神里流露着骄傲。

东莞五彩缤纷的粽子

东莞的不同地域，端午包的粽子各不相同。

水乡片区的村民，比如稳叔所在的中堂镇，还有附近的道滘镇、望牛墩镇、洪梅镇等，家家户户首选的粽子风格是裹蒸粽。这种粽子的外形看上去像小元宝，也有人说像五角小枕头，拳头般大小，是最能代表岭南的粽子形状之一。麻涌人会用当地最多的芭蕉叶当粽叶，所以他们制作的粽子也有“蕉叶粽”的昵称，而其他水乡片区则大多用传统粽叶或竹叶。

去皮绿豆、咸蛋黄和五花腩肉是裹蒸粽的必备原料，也会有人在这个基础上增加莲子、花生等拥有美好寓意的食材。

五花腩肉用盐、沙姜粉和蒜蓉腌制；泡好的绿豆蒸熟，加上蒜蓉、白糖和盐，一起炒到粉糯；糯米也要加上盐和白糖，用花生油拌匀。正如前文所说，传统水乡人家为了让劳作时体力支撑得久一些，会在很多食物里加糖，这个习惯自然也被带进了粽子里。所以吃一口地道的水乡裹蒸粽，口中会体会到甜咸交织的独特鲜美。

稳叔这种制作粽子的老手，会在每年的农历四月初十便开始忙碌——他和稳婶一人负责原料，一人负责品控，再外招几个乡亲，连轴转一个月，基本就可以满足邻里街坊甚至本地酒店的订单需求。

而在樟木头、清溪等客家山区，灰水粽则是端午的首选。

樟木头人巫姨做了一辈子灰水粽。在她的记忆里，一到端午前，外婆和妈妈就会坐在一起，分别制作甜、咸两种口味的粽子。咸粽子跟裹蒸粽的制作方法差不多，只不过在调味时不会加糖；甜粽子就是灰水粽了，“荔枝木烧成灰制灰水，里面会加入苏木条点缀”。

东莞山区普遍有种荔枝的习惯，所以当地人会将荔枝木烧成灰后用来泡米。取一口大锅放入水，里面加入榕树叶、榕树根和荔枝灰，浸泡一段时间，过滤后的成品便是泡糯米的灰水。“虽说看起来黑乎乎的，但这是最天然的碱水。”巫姨说。

苏木则是一种可食用的天然染料。把苏木树劈开，树里的巴西苏木素会迅速氧化变红。这样的木条放入水中，水会被染成红色；放进粽子里，糯米也会如抹了胭脂一样，呈现出明亮诱人的玫瑰红色。

天然碱水浸泡过的糯米，被巫姨的巧手卷进粽叶里，粽心插入了一根洗净的苏木条。苏木晕染过的灰水粽非常美丽，用细线切开，泛黄的糯米中如点绛唇般透着淡淡的艳红，像一个“第二眼美女”，平凡的外表下，拥有极致美丽的内心。

在灰水粽上撒白糖是最传统的吃法，浇蜂蜜则更添花香的甜润。尤其是坐在樟木头的老屋里，吃着这样一份拥有上百年历史的粽子，再抿上一口客家人自制的清茶，当真神仙来了都不换。

虎门林旁粽是东莞所有粽子里最特别的存在，甚至绝大多数东莞本地人，也是看了《寻味东莞》后，才知道家乡居然有如此奇特的粽子。林旁粽的传承人林容弟的媳妇梁珍玲在嫁进林家时，并不会包这种粽子。

钱钧墀　摄

《寻味东莞》纪录片　摄

“知道还是知道的，小时候村里还是有长辈会做这种粽子，只不过人很少，而且粽子的形状没现在这么多。菜篮、鱼篓这两种形状肯定是有的，我小时候都见过，其他都是慢慢挖掘出来的。”梁珍玲一边手不停歇地编制着菜篮模样的林旁粽，一边回忆，“而且以前也没时间做那么多，都是搞一两种，拜完神后煮给小朋友吃。”

梁珍玲今年 57 岁（截至 2020 年），她记得虎门的端午是不扒龙舟的。“这里过端午没有中堂那么热闹，节日活动就是包粽子，只不过包的绝大多数还是道滘的那种（裹蒸粽）。林旁粽没什么人会做，村里一两家会做的就多做一些分给邻里，主要还是用来在（农历）五月初一拜神。”

目前传承下来的林旁粽，一共有 8 种不同的形状，每一种都象征着不同的祈愿：“菜篮”寓意富贵丰盛，“鱼篓”意味年年有余，“虾迳”寓意招财进宝，“枕头”寓意高枕无忧，“神靴”寓意风调雨顺，“凉鞋”寓意丰衣足食，“笔架”寓意学业进步，“狗头”寓意家宅平安。

“我们农村人哪有那么多文化，求的无非是来年可以没有灾害，家人平安，孩子成绩好，粮食可以丰收这些。”梁珍玲说，“而且用这种粽子拜神比那种道滘的裹蒸粽好，它形状在这里，所以拜神的时候不用拆开（就知道里面包的是什么），拜完了煮一煮还可以吃。道滘的裹蒸粽拜神时要拆开给神看见里面的东西，拜完后香灰都落在上面，就不能吃了。”

林旁粽

目前只在虎门镇南栅社区梁珍玲家的“臻品玲食”有售。梁珍玲喜欢旅游，所以店铺并非常年开门，也不是到了就有售。她说最保险的是每年农历四月初十到六月底，此时她一定在店里包粽子，随来随有的吃。来店后可以尝试添加梁珍玲为微信好友，日后可以通过微信跟她订购林旁粽礼盒。

臻品玲食
地址：东莞市虎门镇南栅社区八行坊道下路 22 号
推荐美食：林旁粽

吃林旁粽的方法比较“粗暴”——找到粽子的中间点，直接剪开来食用。享用时，“清香”会是脑海里第一个浮现的词，但不同于其他粽叶那种扑面而来的米叶香，露兜草的滋味需要更安静地品尝。馅料是花生、红豆、花豆和五花腩肉，这是梁珍玲这几年的改进版本。

“以前（用的馅料）就是红豆和花生啦，拌上盐吃咸的。”梁珍玲说，“现在生活条件好了嘛，而且都喜欢道滘粽中那种咸蛋黄、五花肉，我们也有尝试！我试过加瑶柱，也试过加咸蛋黄，但好像做出来的味道都不够和谐，最后决定加五花腩肉就好。这是我们试完觉得很好吃的。”

这 8 种造型，除了做起来费时费力，也包含着虎门人几百年的文化传承和巧思，所以如果你只想留作纪念，并不想剪开吃掉，也可以跟梁珍玲说。“我帮你塞上棉花就是！”她笑着说道。

在东莞，你随时都可以吃到粽子

如果你只对东莞的粽子感到好奇，并不是非得在端午跑来东莞。

一年之中的任何时间来到东莞，你都能在街头巷尾的小吃店或糖

《寻味东莞》纪录片　摄

《寻味东莞》纪录片　摄

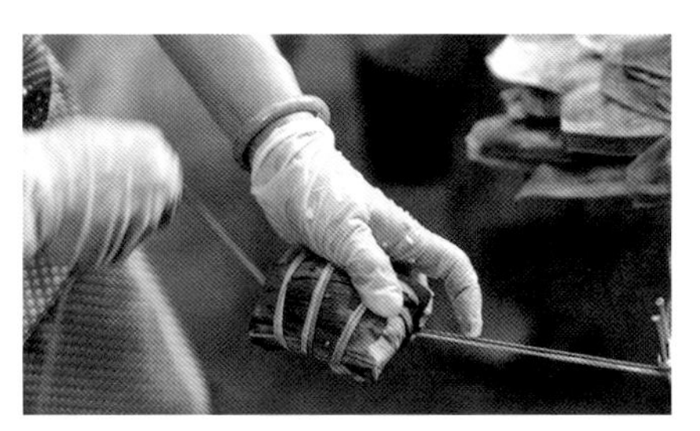

《寻味东莞》纪录片　摄

水铺看见响当当的裹蒸粽菜牌，甚至在10月、11月的小区门口，你也能发现阿姨们聚集在一起包粽子。因为在东莞，粽子早已经去掉了端午特色食品的标签，成为日常小吃中的必需品了。

这一转变的幕后推手，就是道滘镇。美食家蔡澜曾经盛赞：“（我）这一生吃过无数，形形种种，大大小小，各式各样，最后发现，唯有道滘粽最好吃。”

道滘粽

道滘粽一年四季都存在于东莞各类小吃店、糖水铺，逛一趟光明路老街，你便能发现它的踪影，类似棉记这样的糖水铺里也有。想要购买带回家的话，可以去佳佳美手信店。

佳佳美手信店
营业时间：周一至周日
07：30~21：30
地址：东莞市道滘镇振兴路132号
电话：0769-88313818
推荐美食：道滘粽

20世纪50年代，在道滘镇的兴隆街，有两家消夜排档非常红火。一家叫潮记，另一家叫基记。潮记老板叶潮是最早把裹蒸粽放进消夜排档菜单里的人，基记老板李绍基看见隔壁生意红火，也把粽子加进了菜单。后来因为国家对资本主义工商业进行社会主义改造，李绍基关掉了店铺，进入供销社成为职工。他的粽子也成了那一代供销社员工忘不了的滋味。基记的技艺没有断代，“把粽子带入日常生活”的理念也随之带给了李绍基的兄弟、儿子。

改革开放以后，李绍基的弟弟李绍裘被冠华酒店聘为厨师，并把裹蒸粽变成了菜单上的常规菜品。冠华酒店是当时道滘镇的顶级酒店，港台商人、政界要客只要来道滘镇就必定来这里吃饭，这个走上正餐餐牌的粽子就这么走出了东莞，走进了香港、台湾等当时更发达的地区。原本只属于端午的裹蒸粽也因此拥有了一个新的名字——道滘粽。

你在东莞的小吃店、糖水铺可以点到的，多是咸中带甜的裹蒸粽。

《寻味东莞》纪录片　摄

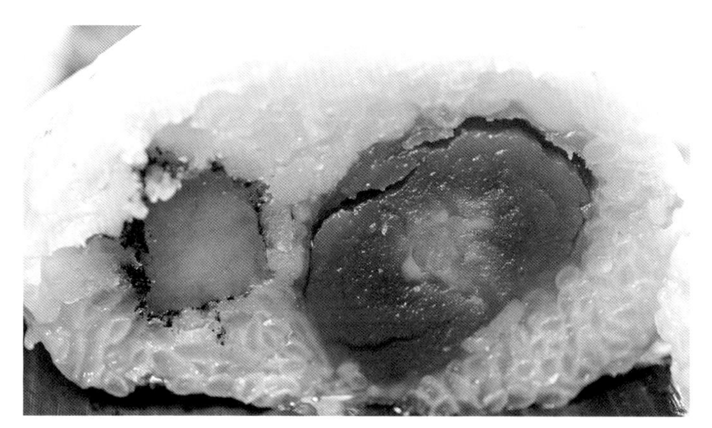

《寻味东莞》纪录片　摄

《寻味东莞》纪录片　摄

当然这种“随时都可以吃到”的粽子，一般也只有裹蒸粽。

如果你想吃林旁粽，还是得农历四月初十到六月底来东莞吃，其他日子来，梁珍玲说不定不在。“我喜欢旅游，忙完端午那一阵，我就要出去看看外面的世界啦！”

作者：梅姗姗

东莞的
水果世界

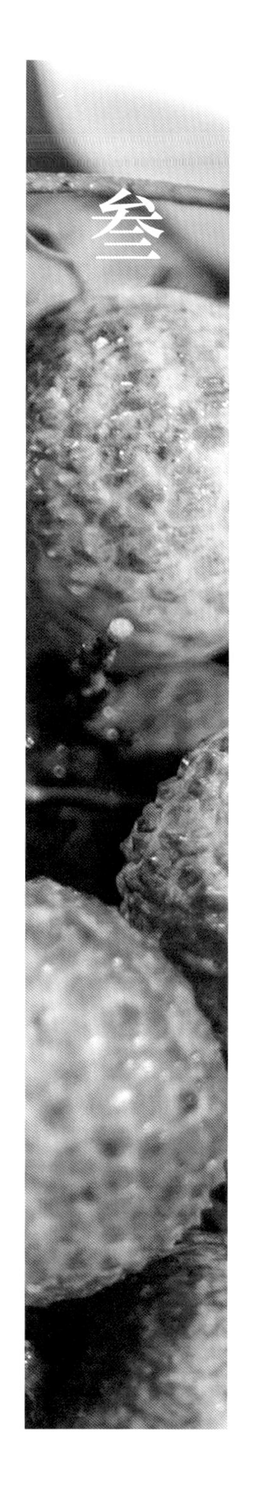

银瓶山的 5 月到 7 月，有如《战斗进行曲》般亢奋的节奏。

谢岗镇境内漫山遍野的红果绿叶，让人没进入荔枝林就感受到了热烈的气氛；沿街叫卖的丰收箩筐，更让人忍不住流下口水；再到园里看见“剪枝拔叶我不停歇”的忙碌，气氛会直接进入高潮。

这种繁忙不只在银瓶山能看见，整个东莞但凡是种荔枝的人家，此时都会进入丰收的喜悦之中。

忙碌的主要原因，还是荔枝天性娇气。果实从差不多熟到全熟，用不了一个礼拜，不及时摘就会掉落、腐烂。即便及时剪了，离开树枝的瞬间，荔枝的风味就会开始跟时间赛跑。所以但凡采摘慢个半天，其风味就会消减。

人手不足是采摘荔枝的果农常面临的问题，这时一家老小会集体忙碌起来，采摘的采摘，分拣的分拣，装筐的装筐。大半腿高的竹箩筐，一筐一筐满到冒尖。园子够大的果农，自己有荔枝处理一条龙，冷链车在园外等着，装满车就出发去进行下一步的分装、发货；园子一般大的，小货车也要一车车开到交易市场；再小一点的，比如家里只有几十棵荔枝树的，农人也会骑上装满荔枝的摩托车，赶忙往交易市场跑。

郑家雄　摄

《寻味东莞》纪录片　摄

“时间就是金钱”，是对东莞荔枝季最精准的描述。

收购完的荔枝会根据目的地远近，进入不同的处理环节。去广州的，直接装车开走；需要走空运或冷链去更远地方的，则迅速过冷水，装入冰泡沫箱。如果不让荔枝快速进入冰室“沉睡”，可能没多久就会褐变、衰老，甚至发酵。

所以虽说东莞的盛夏气温少说也得 30 多摄氏度，但是没谁真有空多喝一口水。这边大哥忙着凿冰，那边大姐从冰池里把刚过凉的荔枝捞出来。也许只有经历过这样的场景，你才能深刻理解“一骑红尘”背后的那种焦急和紧张。

在东莞，你可以吃到各种荔枝

如今东莞山区已经很难看见野生荔枝树的踪迹，但在数千年前，包括这里在内的广东南部地区，野生荔枝树就如同山里的梧桐树，时不时可以看见。

野生荔枝跟我们见惯的荔枝完全不同，它的果实比指甲盖大不了多少，拥有绿油油的身躯，味道出奇地酸，而且果核很大。它之所以能拥有今天的鲜美，靠的还是人类爱吃的本性。人们对最好吃的那些荔枝树进行了持续百年的嫁接、育种，并成功嫁接出如今 300 多个不同的品种。

东莞囊括了各种好吃的荔枝品种。从每年 4 月开始到 7 月初，在任何一个时候来，你都能吃到新鲜的荔枝。

三月红

这是荔枝中一个历史悠久的品种，清朝的史料中就记载了它的模样，因在农历三月（约为公历 5 月初）成熟，故名“三月红”。按如今全球变暖的趋势，公历的 4 月底就能迎来第一批“三月红”的成熟，持续一个月左右。吃它更多吃的是个鲜，就跟去苏州吃“六月黄”[①]一样，最好吃的肯定不是它，但等待了这么久，实在等不住了，拿它开启一个新的荔枝季，绝对是成功的一半。

妃子笑

它大概是大家最熟悉的荔枝品种了，占尽了起名的优势——“一骑红尘妃子笑”。其实植物学家考证过，当年杨贵妃吃的大概率不是这个品种。“妃子笑”大批量成熟于 5~6 月，也是早熟荔枝的代表。最大的特点就是个头够大，核够小，吃起来满足感来得格外强烈。但是“妃子笑”和“三月红”一样，都会在回味里带一些微酸，平日喜欢吃草莓的人应该非常适应这样的滋味，但若想吃纯甜的，还得再等一等。

白糖罂

这是东莞在 20 世纪 70 年代引进的一个荔枝品种，种植的数量不多，遇到了一定要尝尝。这是早熟荔枝品种里口感最甜的一种，吃过的朋友会用“肉很肥”来描述。它的盛产期只有半个月，从 6 月初开始，等它过后，就正式进入荔枝的盛产期了。

---

① 童子蟹，即大闸蟹从“少年蟹”转成“成年蟹”的头趟产品。——编者注

黑叶

翻开东莞荔枝栽种的历史，“黑叶”都是必然会提到的一个名字。它跟东莞的渊源可谓深远，从明朝起就是东莞最常见的荔枝品种之一，也是早年东莞荔枝“出圈”的一号选手。它从6月上旬开始成熟，持续到6月中旬，味道清甜，闻起来还有淡淡的清香。直到今天，茶山镇种植的“黑叶”都拥有最响的名气和最硬的品质。

桂味和糯米糍

这两种算是荔枝界极抢眼的老牌明星了。最先受追捧的是“糯米糍”，随后是“桂味”。它们的成熟期几乎重合，都是6月下旬的两周，所以只要找对时机，一次行程就可以满足荔枝爱好者的所有愿望和期待。虽然都是甜度百分百，但“桂味”和“糯米糍”还是有区别的。“桂味”的果肉以爽脆为主，“糯米糍”则是甜软的代表。成熟的“桂味”带有桂花一般的香气，成熟的“糯米糍”虽说在香气上稍稍逊色，但在甜度上更加突出。两者都核小皮薄，品质上无所谓优劣。会吃的当地人向我们介绍，大岭山的“糯米糍”和谢岗的“桂味”最好吃。

冰荔

这是东莞本土荔枝近年优良实生单株选育的新品种，2018年通过了广东省农作物品种审定委员会的审定，命名为“冰荔”。很多人还没有听说过这个品种。严格来说，它的滋味更接近“糯米糍”，甚至在质感上比“糯米糍”更“刚”一些，吃多了不会让人产生甜腻的感觉。它在东莞种植得虽然不算多，但也正逐渐出现在市场上。据了解，“冰荔”不像普通的东莞荔枝按箱出售，而是论盒卖，两斤为一盒，在2020年卖到560元一盒。喜欢尝鲜的人绝对要一试，它的成熟期在6月下旬到7月上旬。

岭丰糯

这是东莞人为了让荔枝更好吃而选育出的另一个实生变异新品种，在2010年通过了广东省农作物品种审定委员会的审定，在2018年通过了国家农作物品种审定委员会的审定。它最早源于东莞大岭山镇一个荔枝园里的一棵实生荔枝母树，这棵树到如今（截至2020年）已经60多岁了，大概从20世纪60年代开始，这棵树的出果量不断增长，核小汁水多，品质稳定。骄人的成绩引来了农人的好奇与青睐，村民们纷纷来这棵树取枝嫁接。2006年，这棵树和它衍生出来的新树被起名为“岭丰糯”，成为近年来最能代表东莞的荔枝品种。它的成熟期是6月底，目前产量不大，如果遇到了千万不要错过。

《寻味东莞》纪录片　摄

《寻味东莞》纪录片　摄

钱钧墀　摄

观音绿

成熟后果皮也是绿中透着微红。这是东莞樟木头镇最具特色的荔枝新品种，如果你去樟木头吃“观音绿”，还能找到 10 多棵百年老树。它带有奇特的清香，是晚熟的荔枝中品质最好的一种，大概 7 月上旬成熟。但是因为产量还不算稳定，所以遇到就是缘分。

禾枝

这个荔枝名字的分身可谓是非常多了，“怀枝”“淮枝”都是它。它也是东莞种植历史最悠久的品种之一，其最早的记录出现在明朝。在樟木头镇，你甚至能找到 200 年以上的老禾枝树。荔枝向来是树龄越大，果子越好，所以如果你是 7 月上旬到东莞，樟木头会是你吃荔枝的首选。“禾枝”虽说口味比不上“观音绿”或“糯米糍”，东莞果农对它却有极其深刻的感情。它更像自家人，“糯米糍”“桂味”是给客人吃的，“禾枝”是自家人才懂得欣赏。

荔枝最正确的开吃方法

所有人都知道从树上现摘的荔枝好吃，殊不知剥荔枝也有讲究：一定要在它最新鲜的时候，对着中缝按压出裂口。这时候你会听到“啪”的声音，认准了，这是任何冷链运输的荔枝都无法拥有的干脆。

此时的荔枝，清甜可口，汁水爆满到你无法说话，只能鼓着个腮帮子任凭甜蜜肆意地往喉咙里流。吃完果肉后，吐出的核精致小巧，让人吃得完全停不下来。

从小在荔枝林长大的朋友也会告诉你：小时候他们会在荔枝林一边吃荔枝，一边做荔枝灯笼。这是如今当地的孩子缺失的技艺：摘下一颗带细枝的荔枝，小心翼翼地剥去荔枝的软壳，不弄破里面的那层白膜；在白膜中缝小心撕出一条分割线，上半部分向上翻，下半部分向下翻，最后提着细枝干，就是荔枝灯笼了。

钱钧墀　摄

“大家提着灯笼在荔枝林里追着跑，摔倒了，第一时间看的是荔枝灯笼还好不好。渴了就摘颗荔枝，专门吸甜甜的糖水，回家的时候满手粘着糖汁和泥巴，可开心了。”他们会说。

回到家，妈妈也会问孩子们当天吃了多少颗荔枝，如果超过 10 颗，就会端出生熟地汤给他们喝，也是加荔枝干一同熬制的，黑苦的汤汁里隐藏着独属于荔枝的清甜。据老人们说，喝生熟地汤可以防止吃荔枝过多带来的上火。具体有没有效，孩子们也不知道，只是按照妈妈的要求喝了，喝着喝着也就习惯了。

盛夏的东莞是水果乐园

不只是荔枝，6 月到 7 月的东莞，简直汇集了土地可以给予的所有甜美。荔枝虽说是当之无愧的C位（核心位置）女王，但稍晚半个月成熟的黄皮和龙眼也应该拥有姓名。

成熟的龙眼非常甜，甜度有时甚至会超过荔枝。跟吃荔枝一样，龙眼也要在树下吃才更好吃，作为非呼吸跃变型水果[1]，只要没有及时摘下或摘下时间过久，它就会慢慢褪去甜美，逐渐变苦。

黄皮则更少有人尝过。它是柑橘、柚子的亲戚，也是咖喱的亲戚，所以当你闻黄皮的果实时，会闻到柑橘的芳香；搓揉后闻它的叶子，又似乎带那么一点咖喱味。

它既有圆形的，也有鸡心形的，其果皮薄，容易腐败，无法远途运输，因而在本地没有太多育种。剥开那层薄如纸片的外皮，果肉呈现一种雾状的奶白色，味道酸甜，而果核是绿色的，如翡翠一般。

生活在东莞的山区，黄皮更像土生土长的卫士，哪里都能看见它的身影。一旦到了它的成熟季，人们便会随手摘下来吃，季节过了，就任凭它继续守卫家里的大门。

钱钧墀　摄

钱钧墀　摄

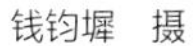

① 指果实在成熟过程中，呼吸速率未发生明显变化。——编者注

除了黄皮，夏季上市的还有麻涌的香蕉和近几年开始大面积种植的葡萄。

试想想，盛夏6月末，当你开车来到东莞，伴着落日夕阳，左手拿着荔枝，右手抓着龙眼，盘子里放着香蕉、葡萄，院子里还挂满了黄皮。

这大概是东莞夏季最美好的场景了吧！

作者：梅姗姗

万江隐蔽的秘密

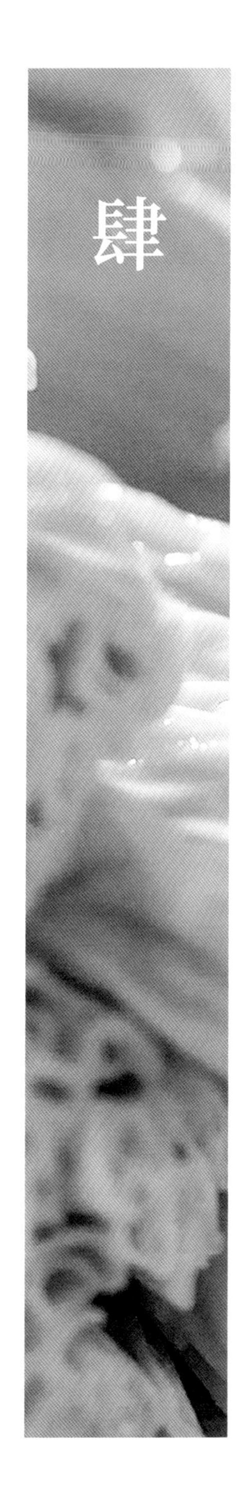

清晨 5 点半，东莞城区的喧闹还没开始。起身前往万江，天际线渐渐由黑转紫再转粉，像水墨画一样不断向上攀爬。

如果想吃腐皮豆浆，早起几乎是必需的。下车的地方是一条沿江马路，正对的是万江新村社区警务室。《寻味东莞》纪录片中拍摄的腐皮豆浆就在这附近的深巷里。

按图索骥，从警务室右边一身宽的缝隙里窜入，伸手就可触碰的左右两边，是本地最传统的居民楼：青砖老宅与红砖新居、老式两米高大门与新式铁丝防盗门的建筑鳞次栉比，给人一种魔幻的混搭感，有的房屋甚至保留着有上百年历史的雕花窗纹。

小巷寂静无比，不得不让你心生怀疑：这里能做腐竹？

万江新村和腐竹的不解情缘

据说万江做腐竹的历史可以追溯千年，但本地人更熟悉的还是中华人民共和国成立后生产腐竹的历史。

“最早开始做腐竹的其实是永泰、水角两个地方。”说话的是黄庆威，万江新村人，如今经营一家包装印刷厂和一家文化公司。“那时整个东莞都是种田的，还没有现在的工厂。其实别的镇也有做腐竹的，但因为万江沿江，做的腐竹更方便运到外面卖，所以广

陈栋　摄

《寻味东莞》纪录片　摄

《寻味东莞》纪录片　摄

州、香港就逐渐知道万江腐竹了。”

外在的名气也吸引了更多街坊加入腐竹的制作，最繁盛的时期，万江新村从事腐竹制作的家庭占据了全村的70%。“我奶奶以前就是做腐竹的，真的很辛苦。每天凌晨起来一锅一锅地做，天亮了还不能睡，因为要晾晒。”黄庆威回忆道。这种辛苦从森记作坊和森叔的作息里，还能依稀看出来。

森叔的作坊由木条简单搭出窗般框架，没装玻璃，左右全敞开以对流通风，是一种类似茅屋的结构，目的就是加快豆浆表面腐皮的凝结速度。在没有电扇的年代，对流的风是腐竹尽快凝结的唯一指望。

东莞是一座没有冬季的城市，全年平均气温在 20 摄氏度上下。想要获得凉风，深夜是最好的选择。起床、磨浆、滤浆、煮浆，借助对流的深夜冷风，腐竹开始凝结。做好后，当清晨的第一缕阳光开始现身，腐竹就顺利进入了晾晒环节。

这是一场人与自然的共同协作，目的单纯而简单——为了生活。

“我奶奶做腐竹，头道豆浆和头道腐竹一定是留给我们吃的。那才

《寻味东莞》纪录片　摄

陈栋　摄

是真正的精华。”黄庆威说，“你别看我是喝豆浆长人的，外地的豆浆我一口都不会碰。那根本就是水，不对的。”

森记迎来第一批客人的时候，天通常刚露出第一缕光亮。作坊里依旧很黑，几盏黄色的灯光在摇晃。森叔一个人在作坊里忙碌，陈旧的收音机里唱着他最熟悉的粤剧。他偶尔跟着收音机哼唱，手里熟练地挑起锅里已凝结的腐皮。

“一碗腐皮豆浆”，你可以跟森叔这么说。铺子里是没有座位的，需要从作坊另一边的门走出去 —— 依旧是狭窄的小巷。两张折叠桌斜靠在墙边，破旧矮小的木凳零星地散落。你需要自己搬出桌子，找地方坐下。

森叔通常不会立刻端上豆浆。他不紧不慢地按照自己的节奏，继续挑起几张腐皮，倘若老伴进来了，会帮他在豆浆碗里放上糖，但森叔还是会继续依照自己的节奏弄腐竹。等差不多了，他才会拿起装了糖的塑料碗，用跟《寻味东莞》纪录片中一模一样的姿势，划出一圈腐皮，一并带着一勺浓郁的豆浆倒进碗里。

坐在清晨仍有点微冷的凉风中，你会品尝到第一口滚热的腐皮豆浆。

浓郁、黏糯，有豆香，同纪录片中描述的一模一样。厚厚一层腐皮，新鲜地漂在豆浆上，有别于在其他

笛声中的腐皮豆浆

新村森记腐竹豆浆

这里自然是一个可供选择的地点，森叔一般早上5点开门营业，卖到早上10点左右结束，6元一碗，半斤重的腐竹为55元一包。

如果愿意从德星路往里走走，你会发现更多家做腐竹豆浆的。比如位于上滘坊二巷的玲姐圆锅豆浆腐竹，虽然环境没有森叔家那么有年代感，但也在本地卖了几十年，价格会比森叔家便宜一些。

营业时间：周一至周日

05：00~11：00

地址：东莞市万江街道新村社区沿江中路

电话：13553849645

《寻味东莞》纪录片　摄

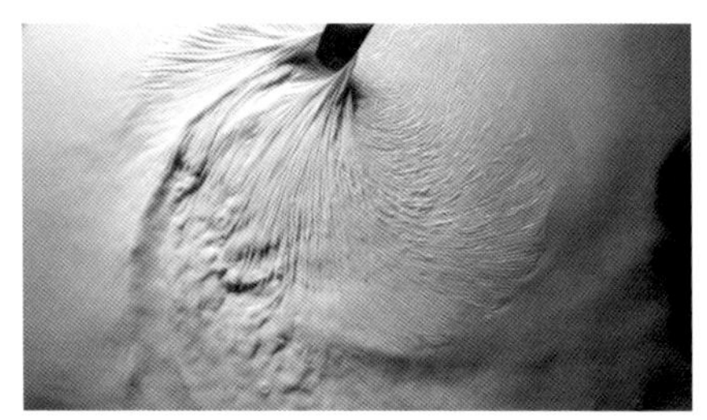

《寻味东莞》纪录片　摄

《寻味东莞》纪录片　摄

地方吃过的口感。半碗豆浆下肚，虽说什么配菜都没有，胃竟也满足到不需要其他食物填充。

时不时，作坊里会传来笛子与粤剧的和鸣，让人感到恍惚。这其实是森叔坐在对面门边的小木凳上吹笛子。这是他休息的方式，吹一会儿，又放下，起身开始哼唱，并继续挑制腐竹。

万江全名万江街道，是东莞市区的四个街道之一。擅长制作腐竹的是万江新村，“这里曾经就是一座水闸，”黄庆威指着过新村桥旁的一栋建筑物，“我们现在脚下的这条路，当年都是河来着。”

除了腐竹，新村其他的美味记忆

30年前，万江各个地方都是靠河连起来的。这里在凌晨就有了忙碌的气息，磨豆浆、做豆腐的大多是家里的长辈，年轻人则会迟点儿起床，出发去隔壁工厂找工。那时万江已经开始了工厂化的改革，新村里甚至会有香港商人挨家挨户地敲门：“有没有地要出租？”

黄庆威还记得那时放学后会去一个名叫“意大利糖水”的铺子，“这家店跟意大利一点儿关系都没有，据说老板听说意大利很洋气，就这么叫了下来，卖的其实都是本地最普通的糖水”。这家店今天还在小学边上，延续着新一代万江孩子的记忆。

那时人们最喜欢的日子是端午，“所有人都会聚集到江边，等着看龙舟划过来，吃龙船饭。那时真的是全村最热闹的时候”。

如今还能尝到当年万江端午滋味的地方，大概只有新村桥旁的灿记牛鞭汤了。这也是一家承载了当地两代人记忆的小吃店，店主以前只是推着手推车，专卖糖水，后来有了铺子才发展出炖汤。这里每天中午12点左右会出一批龙船饭，是万江最传统的滋味。

点上一份牛鞭汤，再来一碗龙船饭，可以继续变身一天万江人。

灿记牛鞭汤

灿记是万江新村的老字号，以蒸的牛鞭汤为特色。它家的口味非常具有水乡代表性，无论是牛鞭汤还是龙船饭都带有一定甜味。在这里，你也可以吃到葱油拌新村腐竹和腐竹糖水。

营业时间：周一至周日 11：00~02：00

地址：东莞市万江街道大新路万江新村鸿运休闲生活广场1楼

电话：0769-22273104

下坝坊，江夜生活初体验

下坝坊位于万江和莞城的交界处，也属于万江街道。与新村不同，它追随时代发展的方法并不是发展工厂和制造业，而是走出了一条让人眼前一亮的特色之路。你可以先在下坝坊河边吃上一碗鲫鱼粥，再深入村中探访。

鲫鱼粥也是东莞水乡的一种特色美味：一条鲫鱼，两种吃法。

先剃掉鲫鱼细小的肌间刺，然后将其切成薄片放入生滚粥中，加入盐、小葱和白胡椒粉；去了绝大多数肉身的鲫鱼骨架则直接清蒸，淋上调味酱油。吃的时候，一口粥，一口鱼鳃和鱼骨间的细肉，最后再一嘣，把划水（鱼尾）吮吸个干净。

鲫鱼是出了名的刺多，鲫鱼粥却能制作得如此精细，着实体现了曾几何时水乡劳作者对美味的至高追求。鲫鱼一般按条出售，两人一条鱼足够，大多是35元的价格，再来一份青菜和一盘陈皮牛肉丸配喼汁，价廉物美不说，味道是真的好。

吃完鲫鱼粥，沿着河边散步入村，你会在漆黑的夜色尽头，突然看见五光十色的霓虹灯。这便是下坝坊夜生活一条街了。

鳞次栉比的酒吧餐厅，驻扎在一看就有上百年历史的祖屋里；两米多高的老式木门、狭窄陡峭的木楼梯，与忍不住摇摆的重节奏霓虹音乐形成鲜明的对比。上一秒你还在感叹村头的百年老榕树竟然生得如此茂密，下一秒你就会被眼前的绚烂光彩震撼。那感觉堪比爱丽丝掉进仙境。

无名鲫鱼粥

这家店在东莞光明路老街，在当地著名地标“却金亭碑”斜对面，没有名字，到附近可以问老街坊“鲫鱼粥”，老街坊都知道。

营业时间：周一至周日 16：30～02：00

地址：东莞市莞城街道光明路155号

电话：0769-22108811

推荐菜品：鲫鱼粥、芥末鱼皮、豉油皇鹅肠、老火柴玉花生粥等本地传统滋味

鲫鱼粥

这家店在临近下坝坊入口的河岸，名字只有简单的“鲫鱼粥”三个字，一个类似大排档的存在，吃完后可以顺路去下坝坊转一圈。

营业时间：周一到周日 17：30~02：00

地址：东莞市万江街道坝翔路与路东坊交叉口东南角

电话：13560863300

推荐菜品：鲫鱼粥（可以往里加肉丸）、炒田螺、姜汁炒芥蓝、蒸牛肉丸

郑志波　摄

程永强　摄

下坝坊人詹继志还记得这一切的开始。

“我小时候，这里最出名的是种菊花，就是做花牌的那种，一根一朵花，一打打包装好。因为村里有人有香港地区的资源，我们的菊花就直接运到香港卖。所以下坝坊人算是万江最早富起来的一批。”

富起来的村民会修补自己的祖宅，完善村里的整体格局，所以从一开始，下坝坊作为一个传统村落的整体氛围就保存得非常好。村头和村尾分别有古树和闸门楼守卫，村周围有四五个大小水塘，可以钓鱼、摸虾、游泳、洗衣，大家在莞城与南城之间往来都是靠摆渡船，河上也是一片热闹。

改变始于2010年，一个本土的设计团队看中了下坝坊的宁静，在这里租下一栋老房子，就是从村口走进来第一个墙头有红五星的房子。这群年轻人把老房子改造了一下，起名“蔷薇之光”，并在这里半经营设计工作室，半开放给外来朋友喝咖啡小憩。

那是新媒体初起的年代。“蔷薇之光”凭借博客、微博等渠道迅速火了起来，吸引更多潮流先锋搬进来，在这里开了艺术工作室、咖啡厅和各种文化底蕴十足的铺子。

下坝坊开始了独属于自己的蜕变。

那时有空来下坝坊的江畔坐着，喝着咖啡看着老榕树，饿了买些村民自制的小吃，成了莞城、南城和本地万江年轻人的时髦生活方式。倘若你喜欢热闹的夜生活，来下坝坊会是一种非常有趣的体验。只不过在夜生活的开始，都要先填饱肚子。

除了鲫鱼粥，你也可以选择同样位于万江的肥婆菜馆。

肥婆菜馆里，吃懂东莞人的务实、真诚

肥婆菜馆地处万江一片厂房接踵的街边，开门的时间是傍晚 5 点半。

店里几乎随着开门时间上客，肥婆跟《寻味东莞》镜头里一样，直来直往地跟食客聊天：“你最近是不是发财了？这么久见不到你的鬼影。”

店里依旧是拍摄时的模样：直来直往的肥婆，在前面招呼客人；忙碌的间隙，她一个人收拾碗筷、倒水、端碟子、洗碗；丈夫在后厨安静、专注地亲自炒制每一道菜。墙上依旧挂着陈旧的手写菜单牌，墙壁上还是那幅具有年代感的毛主席画像。

仿佛纪录片播出后的所有热闹，丝毫没有影响肥婆对自己的认知。她还是她，做着邻里生意，开心地跟客人插科打诨，连多招一个帮工都没有。

肥婆菜馆著名的“花甲三吃”是必点的，她也会给你推荐当日新鲜的煎鱼和自制的卤鹅翅。但需要记

肥婆菜馆

菜的品质非常在线，人多的话建议点“花甲三吃”，尤其是搭配粉丝吃，口感非常好。卤鹅翅也是必点项，再来点儿芥末生菜当绿叶菜搭配一下。

营业时间：周一至周日 17：30~24：00

地址：东莞市万江街道莫屋致富路 2 号

电话：13712688443

《寻味东莞》纪录片　摄

《寻味东莞》纪录片　摄

《寻味东莞》纪录片　摄

《寻味东莞》纪录片　摄

《寻味东莞》纪录片　摄

得的是，在肥婆这里不能剩菜，否则她会发飙的——她觉得你不能浪费食物。

在等菜的过程中，你会看见肥婆风风火火地在店里来回走动。每张桌上的每道菜都是她亲自端送，没活了就洗碗，总之一秒都不闲着。

“你现在是名人啦！”有时老食客会跟她开玩笑，但肥婆会很认真地停下来回复：“什么出名啦，还不是做生意过日子。只采访我，我就不接受；你来我店里吃东西，我就接受。”

肥婆也好，森叔也罢，甚至下坝坊边上的无名鲫鱼粥店主人，都是典型的东莞人代表。他们谦虚、低调、努力工作，在行为上践行“脚踏实地做事”的原则。

在万江的一日吃喝，不仅能让你体验做一回东莞人的感觉，更能让你看见东莞人最真实的底色——用双手建立属于自己的日子。

作者：梅姗姗

和东坑阴菜
一起努力的日子

东坑镇供销社二楼办公室的角落里放着一个半人高的铁罐。打开铁罐盖子，能看到数百条形如脱水人参的阴菜，干爽散漫地聚在一起，此时屋子里一股清润甘甜的陈香迅速蔓延开来。香气猛烈强大，绵柔但有劲，带着浓烈的陈旧时光韵味，毫不客气地直捣人心。

“这里面放的阴菜有 5 年以上了吧？”

年轻的苏社长说他不太懂。卢国华老人抓过一把一看：“这是放了十几年的佳品！”

“得卖多少钱一斤？”

卢国华警觉地把塑料袋封卷起来，盖子重重一盖，说：“谁说卖？这种好阴菜自己吃都不够，怎么会卖?！”

东坑阴菜在东莞饮食江湖是个传说。

年轻人，你们对阴菜的力量一无所知

传说中，一碗上好的阴菜牛展汤，能让人一喝难忘。汤汁澄黑透亮，汤中飘出的香是一股强而有力的气，能迅速抓住味蕾。喝上一口，甘甜陈香在口中翻转，肉香被阴菜打磨得圆润顺口，激发出无穷的滋味。一碗汤能清湿毒、解燥热，能止咳化痰，也能益气和中，舒缓人间一半的忧愁、不顺。

但大部分东莞年轻人甚至没听说过阴菜这种食材。小部分听说过的，也不知道哪里吃得到。东莞市区的菜市场里难觅其踪影，就连东坑镇上菜市场的大妈们也一直摆手："没有没有，我们都不卖这个。"

东坑供销社愉康商行

阴菜越陈，价值越高。市面上出售的阴菜阴干时间是 1~3 年不等，品质最好的阴菜要阴干 3 年以上。

地址：东莞市东坑镇乐然街与东坑新塘路交叉口西南方向 180 米

电话：0769-83699018

那年产量 5 吨的阴菜都去哪儿了？

东坑镇供销社的苏社长说，过年时，镇上、村里各家各户都买走送人了，十箱十箱地买，有的带到中国香港，有的带到美国，而逢年过节家里老人的采购清单，就是务必确保散落在世界各地的族亲都能吃上阴菜。

明清以来，阴菜是世代保佑东坑镇外出的打工人健

《寻味东莞》纪录片　摄

蓝业佐　摄

钱钧墀　摄

康、平安的“护身符”。东坑镇每年农历二月初二会庆祝独一无二的“卖身节”（过去要赶在清明之前开耕，农历二月初二这一天，雇主会贴出雇请农耕长工的启事。自此，当地形成了这种传统，没有田地的青壮年都会在二月初二这天，头戴斗笠、身披粗布巾，以示出卖劳力，等待财主雇请）。以前人们有聚集起来到雇主家打工的传统，每个下南洋的打工人的行李里，都有一包家里的阴菜，用来治水土不服、保四季平安。

阴菜，简单来说就是将萝卜阴干而成的萝卜干，不过这里用的不是《本草图经》里“南北皆通有之”的普通萝卜，而是珠江三角洲独有的、形状像农耕工具的耙齿萝卜。它们体形细长，大小只有普通萝卜的1/3，但氨基酸、糖分甚至膳食纤维含量比一般的萝卜高，香气强烈而浓郁，新鲜的耙齿萝卜吃起来会有刺激的辛辣感。广东番禺、新会都有农户种耙齿萝卜，但他们不将其阴干，而是在秋季收成时将鲜萝卜放入锅中和牛腩、羊肉同炖，入冬前吃得一身暖意融融。

东坑人相信他们的耙齿萝卜更胜一筹，因为当地独

莞府家宴

营业时间：周一至周日

11：00~14：00

17：00~22：00

地址：东莞市南城街道鸿福路市民服务中心美食广场负一层B109号

电话：0769-22311616

推荐美食：东坑阴菜牛展汤

有一种质地疏松、排水良好的红壤土，东坑人称为“龙气地”。他们食用耙齿萝卜的方法是“藏”，放任萝卜无为好静、缓流漫荡。每年从田里刚刚收上来时，属于耙齿萝卜最好的时光尚未来临。第一年秋天田地里收获的耙齿萝卜仅仅是制作阴菜的开始，接下来才是大地赐予东坑的“极补之物”的漫长蜕变过程。

惠福渔村（横沥店）
营业时间：周一至周日
09：30~21：00
地址：东莞市横沥镇田头村泰岗圩 102 号
电话：0769-82323868
推荐美食：阴菜牛展汤、糖不甩、川弓白芷浸大鱼头等

首先，要“阴阳结合”，把耙齿萝卜放在太阳下晒干，然后将其吊挂在阳光晒不到的屋檐下，让干燥、阴冷的秋风，慢慢将耙齿萝卜的水分吹干，使其内在的营养精华浓缩后存储下来。阴干之后的耙齿萝卜，大小和重量都变小，成为色泽透着黝黑的赤黄、形如松根的干条状，此时耙齿萝卜就完美转化成了阴菜，并被当地人赐予新的美名——“东坑人参”。

66 岁的国华叔是东坑阴菜制作技艺非物质文化遗产（简称“非遗”）的传承人，用他的话说，“那是拿过政府津贴的人”。

“阴菜认识我，我们在一起是有感情的。”

东坑处于东莞地图的中心位置，依着寒溪河畔，中间贯通省城的那条小河被命名为青鹤湾，东坑人相信山水天地和祖先的庇佑——“青鹤乘霄，降仙苗于太室”。东坑镇上的那两块“卢家地”“谢家田”也就成了人人眼红的农耕宝地。

在东坑，卢姓的人大都掌握制作阴菜的技术。第一

蓝业佐　摄

《寻味东莞》纪录片　摄

蓝业佐　摄

任阴菜技术代表是90岁的卢善波，卢国华是第二任。因为家贫，卢国华读了几年小学后就留在家里种田，30多岁时他重新开始看书、识字、写文章，东坑阴菜的制作方法就是他诚诚恳恳、一字一句用质朴语言写下来的。

> 勿图好看而用水洗萝卜……暴晒场晒三天，每天中午须翻转一次……如中途遇下雨或回南天气，使用功率较大的风扇，有条件的也可使用空调风干……

“你烟瘾这么大，忍不住在仓库里抽烟怎么办？”看着他全程手里没停的烟，我们忍不住打趣。

“我进去有什么问题？阴菜都认识我的！”国华叔的声音突然亢奋，“阴菜是有感情的！从播种开始，我都悉心呵护它们，它们什么都知道，所以也会回报我。播种可不是简单的播种，我耕种的时候还唱歌给它们听！”

这一句话，是卢国华写的《耙齿萝卜种植要点》上没有的。但东

《寻味东莞》纪录片　摄

坑人都明白这个道理，下雨时要小心翼翼地运送阴菜；秋风起时要高高兴兴地送它们去晒太阳；每一年漫长的发酵时间里，要定期去看望，和它们聊天说笑。把每一根阴菜当作朋友，它们也会以饱含浓郁香气给予真心回报。

阴菜也是有保存时间“鄙视链”的——年份越久的阴菜，香气越醇厚。储藏 3 年以上被视作阴菜中的“基本”，5 年、10 年的则是镇宅传家的“极补之物”了。东坑人一年四季都吃阴菜，年轻人想家的时候会打电话给妈妈说：“今晚做个阴菜汤吧，我们回来吃饭。”妈妈就会从密封罐里拿出三五根阴菜，泡软、剪断，放到砂锅中和新鲜的排骨同炖。咕嘟咕嘟……咕嘟咕嘟……熬煮时阴菜汤的陈年甘香会飘散到数十米外，邻居们就都知道，这家今晚又有孩子回家吃饭了。

《寻味东莞》纪录片中，卢国华带着小孙子在田边一起收割耙齿萝卜回家制作阴菜的画面，让人倍感温馨。后来电视台想再次采访卢国华，老人问自己的大孙子，这回要不要带他一起上电视。大孙子以学业为重拒绝了，但他怕老人伤心，改天他跑来告诉卢国华：“爷爷，长大后我会凭自己的本事上电视。”卢国华说，从那时开始，他就放心地把阴菜制作技术毫无保留地传授给下一任东坑阴菜“非遗”技艺传承人卢德光了。

年轻、有干劲的卢德光，过去却被村里人喊成“白懒栋”，翻译过来就是“白吃、白喝家里的，什么都不想干的懒鬼”。他也不是不愿意干活，就是不想上班，只想种地。

所以结婚以后，他做的第一件事是养猪，兴致勃勃地买了几百头猪回家。他说：“我就是对养殖业感兴趣。”镇上水土好，他承包的荔枝林，“火红”了一片山头。如今他带领着村民种植阴菜，遇上几百年来第一位肯毫无保留分享技术的老师傅，有了数十年以来第一次上万斤的丰收。

卢国华说，把阴菜知识都教给卢德光后，他就安心回家休息了。他说，以前一边晾晒着耙齿萝卜，一边就跟耙齿萝卜说：“日子是要靠大家一起努力的。”这么多年来，东坑阴菜越来越好，他也越来越忙。

肥葵餐厅

阴菜汤属于这家餐厅的隐藏菜单，而且每天限量供应，建议提前打电话跟老板娘预定。

地址：东莞市东坑镇骏发一路 4 号

电话：0769-83882200

推荐：阴菜牛腱汤、阴菜老鸭汤

前辈不仅给了耙齿萝卜的种植要领，还写了一份东坑传家的阴菜烹饪食谱。阴菜不仅可以用来制作阴菜牛展汤，还可以和鸡、鸭、猪骨分别共煮，放入陈皮、生姜、玉竹，用慢火熬三四个小时，炖至肉质酥烂，隔渣后汤色清亮，汤底醇香，汤入喉咙时能感受到一股回甘清甜，此时暖意从唇齿涌入全身，整个人也瞬间精神起来，这就是一株耙齿萝卜被农人善待、藏风聚气数年后的回报时刻。

“不能急，一定等肉全酥烂了，汤才好喝。”国华叔转身来又强调一次，“别用高压锅炖，时间偷懒了的汤也不好喝。”

在卢国华的菜谱里，阴菜还能和柴鱼粥共煮，边熬边搅动，加入花生米和少许花生油，甜香滋养；也可以和排骨共蒸，此时，阴菜起到了提味的效果，并有缓解积食腹胀和消化不良的作用。阴菜看似性情内敛，但其实很包容，卢国华说在他为家人做饭的几十年灶头经验里，阴菜可以和任意禽类、鱼类、骨肉搭配煲炖，称得上全能百搭。

《寻味东莞》纪录片　摄

《寻味东莞》纪录片　摄

东坑镇上有栋小平房，叫肥葵餐厅。老板娘是终日在厨房里忙碌、指挥的胖乎乎的阿姨，东坑本地人来不及煲阴菜汤时，会打电话到餐厅让阿姨帮忙预留一锅，一解对阴菜风味的相思。肥葵餐厅的阿姨很地道，生怕年轻人不够吃，每次都会在汤里放入超过两斤重的大块上好牛腱，惹得大家不断“投诉”：“阿姨，牛腱肉少放点儿，肉太香，我们就吃不到阴菜的味了。”肥葵阿姨叉腰说回去：“这么好的阴菜怎么会没有味道！阴菜味都在肉里，你们吃慢点儿自然是能吃出来的。”

日本人相信天地万物皆有灵气，在他们看来，白萝卜在土地里吸收灵气，还保持如此洁净的身体，是圣洁的神的化身，因此尤其喜爱白萝卜。在中国，曹操用白萝卜“救曹田”，武则天的御厨用白萝卜做成“假燕窝”开辟养生新义，苏东坡以白萝卜为主食的“三白饭”也一直是文人雅聚中的趣谈。古今中外，白萝卜在餐桌上一直扮演着隐忍恪守、恬淡温润的角色，它不抢不争、淡雅至极。但东坑阴菜用时间重塑了萝卜的芬芳，让它从一种默默无闻的蔬果，一步步成为带领全镇人走向更广阔世界的庇佑之物。

过去农业科学院的专家来当地助力提高种植技术，把东坑镇上的耙齿萝卜改良到一年两熟。卢德光挠着头和供销社的人商量：“能不能今年起，让耙齿萝卜改回一年一熟？这样收成的萝卜风味会更好。”

等一碗好汤要用 4 小时，等一季耙齿萝卜要用 1 年，等一根阴菜发酵到最好状态，要用 5 年，甚至更漫长。每个东坑人都说不着急，适应天时，应时而食，最好的时节总会来临。

作者：何斯乐

东莞的腊味

在四季混沌的广东，没有哪座城市比东莞更执盼秋风。当秋风通过珠江入海口，拂向狭长的海峡，穿入东莞的街街巷巷，腊味这种食物，便因风而起。

你很少能在其他城市看到腊味以这么多的形态共存。

东莞的腊肠店铺里，一排排醉红的腊肠、酱色的润肠、肥厚的腊肉、扁圆的腊鸭，形态长短各异、林林总总，组成脂艳丰腴的画面。

它们已经在东莞人的生活里存在了数百年，是东莞人的季节限定美味。

传统：白沙油鸭

在东莞的腊味中，有一味让当地人引以为豪的食材——虎门白沙油鸭。每年中秋过后至正月期间，是这种肥鸭一年一度的登场之时。静静坐守大半年的咸仔叔，也会在这个时候，从他住的小平房里走出来，着手制作油鸭。

咸仔叔是非物质文化遗产白沙油鸭传统制作技艺的传承人，他的小平房外面就是自家的白沙油鸭厂。虽说是厂，却没有机械装置与自动化流水线，甚至没有正经的厂房，只有由竹木结构组成的

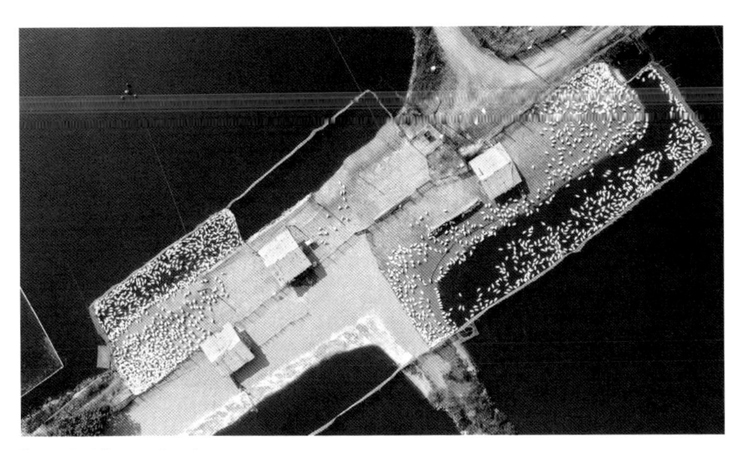

《寻味东莞》纪录片 摄

《寻味东莞》纪录片 摄

钱钧墀 摄

大棚。目之所及处，还有一大片用于天然生晒的空地，以及依水而建、水草葱郁的松软泥土地。上千只活鸭，沿着池塘漫无目的地游动、闲耍。这时，倘若稍微引颈远眺，你就能看到不远处，一大片正在吊晒风干的油鸭。

咸仔叔的人生，在这个厂里，与油鸭捆绑在一起的时间超过40年。

早在晚清时期，虎门制作的油鸭已形成规模，尤其在白沙村这一带，养鸭蔚然成风，腊鸭便成为当地的主要口粮。每到农历八月，家家户户都会在门前屋后吊起一只只乳白肥美的腊鸭。因为讲究的工序、纯熟的工艺以及特殊的风味，白沙油鸭的名气不胫而走。咸仔叔回忆起小时候，整个村子里密密麻麻的油鸭工厂，各家自有独门秘招，在制作腊鸭的时节，村里的风都夹杂着腊鸭的咸香。

比起当年的“油鸭盛世”，如今在白沙村里，制作腊鸭的工厂已屈指可数。制作腊鸭需要顺应天时，制作手艺烦琐，在这个年代劝退了不少制作者。只有咸仔叔还守着这个看似简陋的工厂，以传统手法，坚持天然生晒，一年只等那北风吹过的 5 个月。

在这 5 个月，工厂有条不紊地进行着择鸭、糟鸭、宰鸭、开鸭、腌鸭到晒鸭这 6 大工序。整个过程，还穿插着种种无法对外人道的细节与经验。咸仔叔说起自己的白沙油鸭，会带着几分自豪：“我做的油鸭，是特别好吃的。”若要问到底为什么，他会嘟起嘴，做出“吹”的动作说道：“我吹鸭吹得特别好！”

盛丰腊味厂

营业时间：每年中秋后至次年正月期间

地址：东莞市虎门镇白沙四村路北附近

推荐美食：白沙油鸭

所谓“吹鸭”，其实是制作白沙油鸭时的术语，更多人将这一步称为糟鸭。在选好肥美、个头大的油鸭种后，需要进行至少 10 日的吹鸭过程，抓起鸭头，将大米等食物通过管子用力一吹，大米便进入鸭腹。这个动作要早晚各进行一次，如同给油鸭提供送到嘴边的正餐，是为育肥的过程。

经过吹鸭这一步骤，油鸭个个变得身圆臀肥，才能进入下一道制作工序。

顺着油鸭那滑溜、流线的身形，考究的手艺纯熟地施展开来。咸仔叔制作出的白沙油鸭只只分量十足，

钱钧墀 摄

《寻味东莞》纪录片 摄

要双手才能托起一整只。油鸭表面看起来有一层诱人的金黄油光，闻起来腊香“索命”，比起别处干柴瘦小、色泽深厚的腊鸭，它确实带着“娇艳”身段，看起来令人特别有食欲。

咸仔叔说，他的油鸭远销各地，甚至在海外也有拥趸，本地人如果要吃，那得亲自来工厂选购。

这个油鸭厂不算好找，需要穿过各种村路才能抵达，但即便这样，也无损白沙油鸭的吸引力。专程开车过来的客人，一批接一批地步入这个简陋的工厂，除了选一只油鸭，还会选一批鸭喉、鸭肠、鸭头、鸭掌翼、鸭肝、鸭肾等，反正一只鸭子可以腊制的部位，都被买得明明白白。

几年前，由于一场意外，咸仔叔右腿行动不便，只能用一根棍子作拐，走起路来异常缓慢与吃力。身体的状况，已不允许他投入白沙油鸭的制作过程之中，所以他把手艺传给了自己的儿子小方。年事已高，行动受阻，这也许是他和纠缠大半生的白沙油鸭作别的恰当时机，但是咸仔叔没有做出这种选择，他和白沙油鸭之间，只是从亲力亲为，变成了监督与守望。

干晒地旁边的小平房，里面只有一张木板床，以及基础的生活杂物，咸仔叔就守在这里。在每一年的中秋过后，他只要坐在床边，就能看到整个厂生晒着的白沙油鸭，就如同注视着自己的整个人生。

滋味：白沙油鸭入馔

如今要吃正宗的白沙油鸭，坊间能找到的餐厅并不多，喜爱这风味的人，也要更独特一些。

眷恋白沙油鸭的人，会专程驱车去往油鸭厂内，选购油鸭与所需的鸭部位，再带到相熟的餐厅，提供原料，并委托加工。这种方式，最能全方位地尝到白沙油鸭。最常见的做法是油鸭腊味饭、鸭脾糯米饭，但白沙油鸭到了东莞人手中，就能针对油鸭的不同部位，做出腊鸭版的“全鸭宴”。

香芋油鸭煲

以白沙油鸭入馔，香芋是最佳搭档。在东莞人的饮食哲学里，油鸭这样的肥物，一定要配以高纤维与粉糯的香芋，使其在煮制时充分吸收腊鸭的油分，两者便能相辅相成。这个“不败”组合，既可直接焖煮，成为油润馥郁的一锅煮物，也可加入牛奶或椰奶，成为一道汤品，浓香的油鸭，与甜糯的芋头共冶一炉，咸香之气释放至汤体之中，可谓一碗入魂。

腊鸭喉萝卜汤

论及油鸭搭档，能与香芋一较高下的，还有萝卜。与它组成“情侣档”的，是别处少见的腊鸭喉。腊鸭喉的制作工艺不比油鸭简单，它以肥美为佳，加入萝卜在锅中长时间炖煮，其中多余的油分，被萝卜充分吸收，入口咸香无渣。此时腊鸭喉软滑俱备，而精华是中间那一泡蕴藏其中的油脂，鲜香带汁，一口咬下去在口腔中爆开，嚼起来还有阵阵鸭油香渗出，其味之美，能直接用来下饭。

《寻味东莞》纪录片　摄

鸭肾西洋菜汤

粤菜注重汤汤水水，一道“西洋菜陈肾汤”就是其中代表。在东莞，这道菜一般被称为鸭肾西洋菜汤。主料为腊鸭肾，同样是白沙油鸭最受欢迎的部位之一，搭配西洋菜，能中和鸭肾本身的内脏气味。在东莞人的眼里，这是最清润补肺的汤品。

鸭脚包

腊鸭脚包，已是当下少见的手工怀旧菜式。其制作方法是在鸭肠（或鹅肠）内包入烧鸭杂、叉烧与鸭掌，以烧汁腌制后，腊制而成。其工艺的复杂之处，不仅在于三样食材需分别处理得当，还在于要将其塞进这苗条的鸭肠里，最后的成品，看起来就如同一条鸭腿。

一口下去，先咬开的是烧得香脆甜蜜的鸭肠，然后是油润爽口的肥叉烧，同时鸭肝甘香丰腴、鸭掌软嫩易咬。这四种口感汇于其中，彼此不争不抢，各自发光耀彩，如此美味也极为考验厨师的烹饪功夫，也不难理解为何如今会做的地方越来越少了。

钱钧墀　摄

工艺：腊肠

只要了解过东莞腊肠的制作，你就会明白正是东莞人在选材、工艺、调味等细节上的“执拗”，才使得腊肠成为当地的一张名片。

说起来，腊肠的配方极其普通，无外乎猪肉、豉油、糖、盐和酒，但个中的差别，就在于每一个制作环节中对细节的讲究。“肥仔秋腊味”的创始人钟松焕，自继承了他父亲的腊味手艺算起，制作腊肠的“工龄”已经超过 40 年。“肥仔秋腊味”中腊肠的工艺与开发，至今依然是他一个人的职责。

肥仔秋腊味店

这是东莞知名的老字号腊肠品牌，除腊味外，还可购买金银润、生晒腊肠等别处少见的品类。

营业时间：周一至周日

07：30~21：00

地址：东莞市麻涌镇麻三村建设路 56 号

电话：0769-88223317

他的每一天基本都是这样的作业流程：选肉、洗肉、切肉、绞肉、拌料、调味、灌肠、扎孔、绑绳、风干、晾晒。每一道工序，都关乎经验与细节。40 多年的心得浓缩下来，钟松焕总结出腊肠风味的关键点，就在于肉、豉油与汾酒。

《寻味东莞》纪录片　摄

《寻味东莞》纪录片　摄

《寻味东莞》纪录片　摄

他说，好的东莞腊肠，每一步都需要一丝不苟：肉，只选新鲜的土猪肉，养殖期为8~10个月，体重至少280~300斤，这样的猪肉香与口感才能达到标准；豉油，很多人以为用大厂名牌豉油已够好了，他却用实战经验检验哪一种最合适，最终测试出取东莞本土的生晒豉油与“美极鲜”调料搭配最佳，前者取豉香味与色泽，后者取香甜，最能“吊”出腊肠的香味；汾酒，他选的是山西杏花村最好的汾酒，采购回来后还会陈放2~4年，使其味道更醇香，有助于激发肉的香气。

正是基于腊肠制作者的精挑细选，以及对各个工序的细致，富有东莞特色的腊味，才能走进东莞的千家万户。

钟松焕觉得，好的腊肠，最适合的做法其实是水煮。一锅清水中，放入数根腊肠，开火煮沸10~15分钟。此时腊肠会略微收缩，肠衣的天然弹性会紧紧包裹肉汁。如果是人工制作的蛋白肠，那就达不到这种效果。蛋白肠不仅又韧又厚，而且撕咬起来难以断离，那一言难尽的口感，一尝便知。

所以说一根好腊肠，一锅清水便能试真伪。

在煮沸的过程中，水汽密密地渗入腊肠之中，肉汁与油分相互交融。此后将腊肠入口一咬，稍不小心，汁水能飞溅出好远。慢慢咀嚼，那肉中的丝丝醇香，伴随着肥肉的爽嫩，还有汾酒的酒味，让腊肠的层次在口腔中渐次显现，这一口，是精华味道的高度浓缩。

式微：金银润

东莞的腊味中，还有一道不常见的滋味——金银润。这是一门几近式微的手艺。

金银润产量稀少，因为手艺烦琐，还需风日作美，更重要的是不像其他腊味一般耐储存，所以最佳风味品鉴期很短，从来都是限时限量特供的美味。

制作这道腊味，主料看起来也简单：猪肝与肥肉。首先取一块新鲜且健康的猪肝，有经验的师傅，一下子便能根据色泽、膻味与腥味分辨出一块猪肝的好坏。一头数百斤的猪，只有 3 斤左右的猪肝，其中只有尾部 1 斤左右的猪肝才能制作成金银润。猪肝切割后，先以盐、糖、汾酒、姜汁腌制 8 小时。

肥肉需要臀尖肥肉或脊背肥肉，用糖腌制一星期，达到冰肉的效果，之后以特殊的手艺，将冰肉“镶”到猪肝之中。据说，如今还能纯熟操作这门手艺的老师傅，已经十分稀少了。而只在有北风吹拂、太阳照射的时节，金银润才能晒出外表黝紫、内里透如冰晶的效果。

一大团肥脂夹在猪肝之中，这种食物，让崇尚健康的当代人望而却步，但品尝过金银润的人，都会将这种想法抛弃。

金银润蒸煮后可切成薄可透光的片状。一口下去，猪肝的馥郁香气在口中散开，肥肉此时已变成一口松软无渣的冰肉，有点儿像在嚼带着油分的肉冻，那口感与味道，远远不是想象中的油腻、

《寻味东莞》纪录片　摄

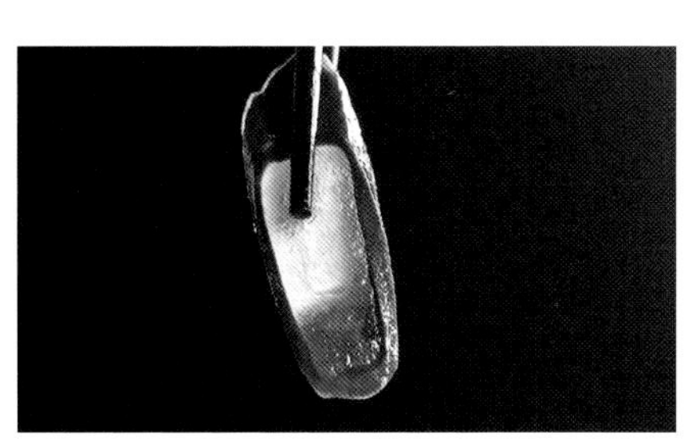

《寻味东莞》纪录片　摄

腥气。而其中恰当的糖分，倒平添了几分活泼。反观之，如果师傅的手艺不到家，制作出来的金银润就会透着腥膻之气，冰肉油腻，且吃出一阵阵细渣，这都是劣质金银润的表现。

为了让金银润这门手艺不至于失传，钟松焕是东莞少数还在坚持制作的手艺人之一。

传承：短腊肠

东莞的腊肠中，还有一种特别的存在：它身圆体短，迷你又饱满，充满了精致感，又叫“小肉弹”。将其蒸熟后送入口中，一口一个，满嘴飙油，特别鲜爽。

矮仔祥腊味馆

营业时间：周一至周日

09：30~21：00

地址：东莞市东城街道鸿福东路民盈国贸中心内

电话：0769-23177378

这种状如小球的腊肠，最早源自卖腊肠的人挑着扁担吊着腊肠穿街走巷，短小的外形使其不至于沾染灰尘。表面看，这种形状纯粹是为了卫生，而背后，却是对腊肠工艺的深刻见解。

这一粒椭圆的小肉球，只有2~3厘米长。短，是为了让肠内的空气与水分全方位流出，否则肉质会发酸发臭；粗，是为了腊肠蒸煮时无须切割，这样腊肠的口感与油香能锁于其中，静待咬下那一刻的油汁迸发。对比常见的细长形腊肠，人们为了方便，常常是切段、切片后再蒸煮，这一操作，无疑使腊肠的香味与油分尽泄，还没吃就气数已尽。

据说吕衬婵的曾祖父是最早想出如此改进腊肠模样的人。从当年她曾祖父双手双脚做短腊肠、传承短腊肠的工艺，到现在变成一家小型企业，吕衬婵并非从小追随家人学习腊肠制作。这位毕业于中山大

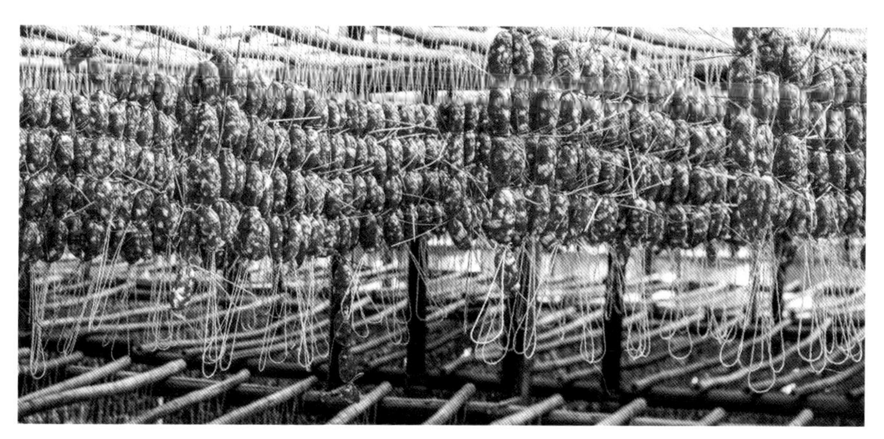

钱钧墀　摄

学、拥有硕士学位的高才生，其实是半路出家继承了家族的事业。

来到她的生产厂房，全自动化的仪器、标准的工业化操作、全自动的流水线作业，这些都没有。相反，厂房内是只能用人工操作的工具、干净的环境、讲究的隔尘空间与分工明确的工作间，等等。

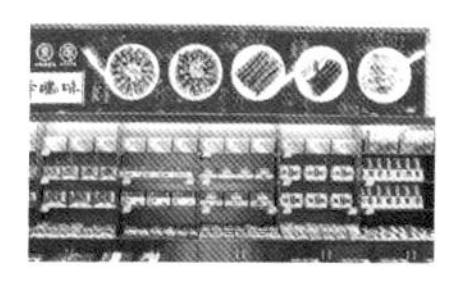

旗峰腊味厂

营业时间：周一至周日

08：00~17：30

地址：东莞市莞城街道莞太大道 39 号

电话：0769-22461785

“我认为机械、仪器是怎样都无法代替人手的。”吕衬婵如是说。

手切的猪肉能顺着猪肉的纤维纹路走向，不会影响肉质的口感，最后切出的瘦肉与肥肉的比例一般为三七分或四六分，如果想要追求爆浆的口感，更可以做到五五分，切碎后稍剁，以温度在 53~68 摄氏度的水清洗猪肉表面的油污，之后以秘方拌入酱油、汾酒、盐、糖等配料。

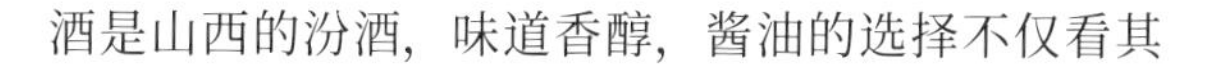

酒是山西的汾酒，味道香醇，酱油的选择不仅看其

豆香，颜色深浅也要考虑在内——过深的颜色会遮盖肉的颜色，影响腊肠的色泽与视觉美感。如此将肉与配料用人手充分搅拌至均匀起胶后，接下来才到灌肠、扎孔、绑绳、晾晒等一系列操作。这一口迷你、精致的腊肠，让人体验到爆汁腊肠的吸引力。

新派：腊肠创新

在东莞以做腊肠出名的，还有黄弟腊味的传承人黄锦弟。这位言谈开朗的女性，从父亲手中继承腊肠制作手艺已经接近 20 年。也许对于东莞一众藏龙卧虎的腊肠实业家来说，她的腊肠是那么小众且不具规模，但她依然凭借自己的风格，走出了一条新派腊肠路线。

黄弟腊味

新派腊味的代表，口味更多元，且提供腊肠的个性化定制。

营业时间：周一至周日 09：00~18：00

地址：东莞市南城街道元美东路 11 号

电话：0769-22823328

她的腊肠，最大的特色是创新：金蚝腊肠、陈皮腊肠、野生香菇腊肠、黑松露腊肠，这些在莞式腊肠里鲜少见到的搭配，都出自黄锦弟之手。之所以走上一条对传统腊肠进行创新的路线，源于她年近 80 岁的父亲的影响。这位过去的手艺人早年便对女儿说：“腊肠这种传统食品，是一个夕阳行业，如果不

李梦颖　摄

曹雪琴　摄

认真做，很容易就会被替代。”听了这句话的黄锦弟，也深有所悟，怀着一种对腊肠行业的危机感，开始思考创新与变革。

她想起世界各地不同的腊肠制作方法与风味，调试着用不同的食材与猪肉搭配。她也考虑不同的吃法，想让腊肠可以切片吃，用火枪炙烤过然后配着威士忌吃。她也不会在选材上有所局限，甚至会根据成本、消费、口感与饮食搭配，选用农家猪、土猪、小耳花猪、西班牙黑毛猪等制作腊肠。她想让腊肠走入当代饮食风尚的语境里，让腊肠不再只与过节、传统捆绑在一起。

她是如此如履薄冰地在“创作”，在很多喜爱吃腊肠的人眼里，她是十分上进的标新立异之人。

鑫源食品

营业时间：周一至周日
08：00~21：00
地址：东莞市厚街镇竹中路 1 号

例如陈皮腊肠，用的是陈化了 16~18 年的新会陈皮，散发出经由岁月淬炼的陈香，尝起来还带一点儿甜味；还有金蚝腊肠，把台山的金蚝加入腊肠之中，金蚝的香气一丝丝渗出，海陆的滋味交融，是品尝腊肠时难得的体验。

现在自家制腊肠的家庭已经很少了，毕竟手工制作腊肠需要密切关注天气，如果不能把握好未来的天气，晒出的腊肠只会变坏发臭。所以，术业有专攻，不少人就把自家腊肠的配方拿到了黄锦弟面前，拜托她代为定制腊肠。无论数量多少，无论高端还是低端，黄锦弟都会帮街坊们办好这件事。

腊肠这门怀古的手艺，也因为这些人的存在，显得更加生机勃勃。

作者：罗珊珊

柒

东莞人
过节的独特滋味

只需在东莞待上两三天，你就会深刻体会到这是座建立在车轮上的高效城市。

开车出行是穿梭各镇区挖掘美味的最好方法，而这畅通无阻的汽车生活，也使得东莞各镇区的年轻人可以轻松地“生活在别处”。莞城、东城和南城是聚集最多年轻东莞人的地方，他们可能是水乡中堂人，可能是山区凤岗人，平日在公司附近租个公寓，享受着吃、穿、住、行、玩、用集中于此的便利。

但每年有那么三个时间点，无论什么也挽留不住他们往家赶的脚步。

以过年为开始，清明为过渡，冬至为结束，全程贯穿东莞人对于“好头好尾”的向往，并由此发明出各种别具特色的节日美食，牢牢地通过胃，把传统递给了新一代东莞人。

一年之计，始于过年

离春节还剩 20 天左右，东莞开始进入一种忙碌的状态，尤其是在各镇区的街道旁。

就拿长安镇的阿姨们来说，她们但凡有空，就会以小组为单位聚在马路边，搬起桌子、架起锅，里里外外地忙活起来。各小组分

曹永富　摄

工明确，这个做麻葛，那个做糖环，还有做硬饼、煎堆、油角的……每一种做法都不算简单。

比如硬饼，首先要把大米淘洗好，然后炒熟。街坊邻里百来号人，想要做够分量就得炒好几次。炒好的米磨成粉，这才是第一种原料。糖要熬成糖浆，花生要炒香以后擀碎——不能用电磨机，用它打出来的花生碎没有大小不一的颗粒感。原料准备好后开始搅拌，这一步需要极有经验的阿姨操作，因为糖浆比例一旦掌握不好，打硬饼的时候就会打不出来。

东莞每家每户都有祖传的硬饼模子，有的刻着自家的姓，有的刻着“喜”，有的刻着“风调雨顺”，总之什么内容都有。春节前，这些模子被聚集在一起，一眼望去，有种原生而自由的美感。

调好的米粉放进模子，按压好，反手对着桌边“啪啪”地敲打，硬饼整块脱模。这时的街边别提多响亮，每个人铆足了劲儿地打，脸上都是欢乐的笑容。打出的硬饼要放进烤盘里，烤到两面恰到好处，才算完工。

除了硬饼，东莞人过年的小吃盒里必不可少的还有糖环、油角、麻葛、煎堆，以及各种糖渍的水果（也叫冬果，比如糖冬瓜、糖藕片、糖椰角等），还有红、黑两种瓜子，供大家拜年时食用。

不同于工厂化的统一制作，东莞绝大多数镇街保留了街坊邻里自制糕点的传统，这也使得节庆点心拥有一种真诚的滋味：纯手工制作、无添加剂，甜度还可以根据个人喜好调配，用料也是一等一用心。

像过年必吃的麻葛，在阿姨们的巧手下，糯米和黑芝麻香甜混合，会达到一种类似“包邮区”的橘红糕的口感，但少了分甜腻，多了分果仁香。咀嚼在嘴里，香味能通过舌根直接到达后脑勺，过节的喜庆顿时就上来了，让人停不下来，想再吃一个。

清明的“野餐会”

农历三月，东莞的山间会长满各种鲜嫩的野草，艾草是其中之一。这时也是东莞人携家带口祭祖的日子。

《寻味东莞》纪录片　摄

东莞山区的客家人对清明格外重视，在清明的前一天会聚集家里几房姑嫂做艾粄。这是一种以艾草和糯米粉为原料的圆形糕点：将艾草打成浆，与糯米粉混合成米粉团后，裹入花生、芝麻、糖等调好的馅料，再放入粄的模具里按压成形，上炉蒸。

做艾粄是清明的第一步，家里还要准备其他祭祖用的食物，鸡、鸭、鱼不可少，还得跟酒店订一头烧猪（本地人叫“金猪”），待第二天家里人到齐了，便抬着烧猪上山祭祖。

客家人祭祖以“房”为单位，这对很多北方人来说，是一个庞大而陌生的家族单位。本地人总会以太爷爷作为例子解释：“太爷爷生了 6 个儿子，就是 6 房人。这 6 个儿子分别结婚生子，下一代再结婚生子，到今天就是一个非常庞大的家族了。”

《寻味东莞》纪录片　摄

《寻味东莞》纪录片　摄

《寻味东莞》纪录片　摄

《寻味东莞》纪录片　摄

以前这些“房”都住在同一个村，所以会一起上山祭祖。如今大家分散在东莞各地，只有清明才聚到一起，举行一次大型的祭祖仪式。

旧时的祭祖仪式包括上山修理坟头、清理杂草、置办祭祀台等。亲友们还会把带上山的小吃放进大篓里，让表现好的孩子挑选。艾粄也会在祭祖仪式结束后登场，这时每人拿上一个，吃完后下山聚餐。最后每户人家都会分到一部分烧猪，节日就算过完了。

虽说如今清明的仪式已被简化，但人们还是会提前用艾草制作糕点——水乡片区是艾角，山区片区是艾粄——带着去扫墓。如今的清明，更像一个亲友“野餐会”：人们在满眼青嫩的山间田野吃着小吃，聊着家长里短，孩子顺便帮大人采更多的艾草回家，处理后放进冰箱，待平日想吃艾角、艾粄时，随时拿出来制作。

虎门并不做艾角。“我们这里不做艾角，吃艾草一般是在农历三月初九，把它做成艾草薄餐（薄饼）！”梁珍玲说。

这源自一个传说。

在梁珍玲小时候，每年农历三月初九前后，虎门就会接连下雨。雨水多时便会淹掉庄稼，影响收成，村民便想到了做艾草薄餐——一种用艾草、花生、红糖和糯米粉混合而成的甜味薄面饼——然后在上面放上一根针、两根线祭祖，希望祖先可以拿它缝补天上漏雨的洞，保佑后人当年有一个好的收成。

钱钧墀　摄

钱钧墀　摄

祭完祖后，艾草薄餐会被孩子们拿来当点心吃，要么卷起来直接吃，要么切开来蘸糖吃。

如今无论是艾角、艾粄还是艾草薄饼，这些曾经专属于清明的糕点，已走进东莞人的日常生活。无论何时，在几乎任何一个卖点心、大包的小店，你都能看到艾角或艾粄的身影，它们也被创造出了更多的滋味：咸菜猪肉、红豆沙……等待早起的人们配一杯热豆浆食用。

冬至大过年

把冬至看得跟春节一样重要，大概是岭南独有的文化。一年到头，“好头好尾”象征着一种圆满。

东莞也不例外。每年到了冬至这天，东莞人如同上了发条一般往家赶。“所以从冬至前一天开始，你就会发现导航软件上各条主干线变成了红色。但就算再堵，还是要回家的。”生活在南城的客家女孩冬冬说。

李梦颖　摄

客家人的冬至，是从前一天晚上泡发所有食材开始的，冬菇、鱿鱼干、虾米都需要提前泡好。第二天一早，孩子们会从弥漫着香气的空气中醒来，此时妈妈跟外婆已经开始准备咸丸了：炖猪骨汤、搓米粉、切原料……这里的米粉是糯米粉，一大块，必须搓好后才能用。

搓着糯米丸子，萝卜粄的制作也要开始了。搓丸子的工作会转交给孩子，陆续到来的其他亲戚也纷纷上场：这个帮忙擦萝卜丝，那个帮忙切腊肉丁……总之，东莞山区的冬至早晨，每家每户都在一刻不得歇地制作美味。

“咸丸一定是最先出锅的，是那天的第一顿。”冬冬说，“我们的咸丸其实就是北方的汤圆，只不过我们的是实心的，是咸的，寓意还是一样，就是团团圆圆。”

萝卜粄则是当天随时可以吃的小食。擦好的萝卜丝切成极细的短条，混上腊肉丁、虾米丁、盐和足量白胡椒粉搅拌均匀，包裹进和好的糯米团里，将其捏成一种近似于饺子的小巧造型。刚出炉的萝卜粄一定是最香、最好吃的。“趁热我至少可以吃两个！”冬冬脸上带着些许骄傲。

向西 70 多公里外的水乡望牛墩，冬至时则是完全不一样的风景和美味。

英姨、兴姨、青姨、款姨这“四朵金花”如今早已退休在家。一到冬至，她们就会习惯性地在望牛墩自家社区村口架起桌子，忙不迭地制作传统糕点供邻里分享。“现在自己做的人不多了，我们小时候都是自家做。那时候最期待冬至了，只有这天可以吃上这些糕点！”款姨说。

《寻味东莞》纪录片　摄

钱钧墀　摄

《寻味东莞》纪录片　摄

每年冬至，四位姨必做的糕点有三款：苏木团、眉豆团和咸狗脷。

苏木团、眉豆团都是冬团，在长安镇，人们也叫它“茶果”。冬团和茶果长相相似，只是颜色和馅料有区别。它们的原材料都是糯米粉，这大概与东莞传统的稻米种植文化有着密不可分的关系。苏木团是甜的，里面有炒香的花生经碾碎后加白糖；眉豆团则是咸的，由眉豆蒸熟后碾成泥，加蒜泥、沙姜和盐等调味而成。

“其实以前冬团种类更多！还有苞谷团、绿豆团，现在都不怎么做了。”邻居群姨说。

不常做的还有咸狗脷，翻译过来是“狗舌头”的意思。这是一种被粽叶夹成扁长的棕色年糕，趁热咬下，甜咸的滋味交杂在舌尖——甜来自红糖，咸则来自腊肉，里面还有满满的花生和花豆。如果不是本地人，吃第一口不见得能习惯这种口味，但它是水乡人最传统的滋味。

退休给“四朵金花”的生活带来众多变化，其中之一就是时间变多了。除了在家带孙子、打麻将，她们也想找点儿事情做。既然年轻人已经不像从前那么有空，会做各种传统糕点，那姐妹们就行动起来，也当赚点额外的零用钱。

“我还打算攒点钱出去旅游呢！”英姨带着腼腆的笑容说。

所以只要收到街坊邻里的微信消息，她们就会聚集起来开始忙碌。这家今天想吃粽子，就多包几个，明天想吃冬团，就蒸一笼。曾经只属于传统节日的糕点，也因此一步步从节日进入日常生活，成为早餐、点心、小吃中的常客。

钱钧墀　摄

钱钧墀　摄

钱钧墀　摄

“如果外地人来，想尝尝您的冬团怎么办？”群姨的回答是：来她们任的老社区。

那些生活在老社区街巷的阿姨，大多跟“四朵金花”一样，时不时会聚集起来做些传统过节时才吃的糕点给街坊邻里。只要怀揣一颗想吃、敢问的心，你不仅可以吃到这些良心之作，还能被热情的阿姨们邀请，品尝更多闻所未闻的东莞节日美味。

作者：梅姗姗

3 山水相逢

从高山到海洋，从水网密布到峰峦叠嶂。古老的地质运动和长年的江河冲刷造就了今天东莞人世居的土地，物产风味一路绵延，山高水长。

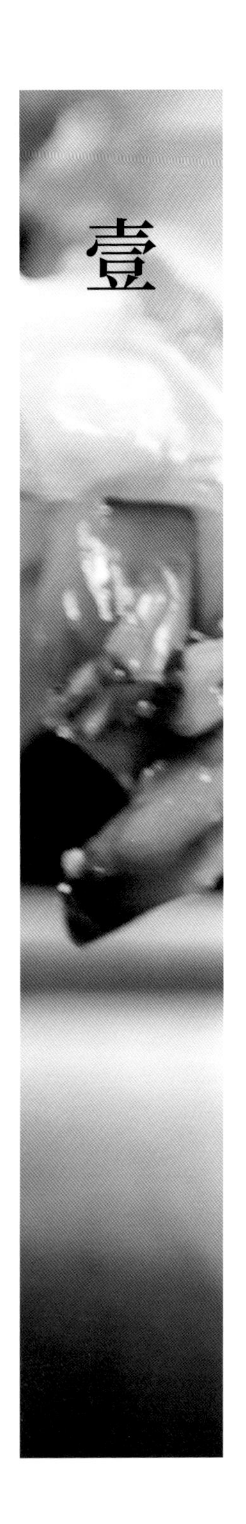

壹

开渔后的虎门

东莞虎门，老天爷赏饭吃的海鲜宝地

提起虎门，大多数人的第一反应也许是：林则徐“销烟”之地，然而在本地老饕眼中，海鲜，才是虎门的通关密码。

虎门位于东莞的西南部，一条狭长的太平水道从这里通往珠江入海口，咸淡水交汇，一方面，带来大量营养盐，有利于浮游生物繁殖，让海鲜长得更肥美；另一方面，复杂的水流和适宜的盐度，让海鲜的肌纤维更纤细，游离氨基酸增加。换言之，肉质更细嫩，鲜甜度也更高。

在这里生长的海鲜，既有咸水海鲜饱满、紧实的肉质，也有淡水河鲜细嫩、鲜甜的口感。放眼全国，地理条件这么得天独厚的地方并不多。

除此以外，江海交汇处，还有更多独特的海鲜，比如最受当地人推崇的麻虾，个头虽小，却鲜美至极；黄鱼的近亲黄皮头（也叫梅童鱼）也很美味，可惜一上岸便活不久，渔民大多在船上就将其迅速冰镇。即使守在码头，往往也只能吃到冷鲜的海鲜，更别说运到外地了。

1. 东莞虎门市场

本地居民也称其为“虎门大市场”，于 1986 年建成投用，2020 年经升级改造后重新迎客。市场内的海鲜品种繁多，无论进口海鲜还是本港海鲜均有零售。

营业时间：周一至周日 06：00~21：00

地址：东莞虎门镇虎门大道 4 号

2. 沿江富绅水产批发市场

当地规模较大的海鲜市场之一，以东莞本港海鲜为主，能买到许多本土特色品种。该市场主营批发业务，但大部分摊位也零售，具体请详询店家。

营业时间：24 小时开放，建议 10：00~17：00 前往

地址：东莞市虎门镇宴岗大道 33 号

这让虎门成为一个隐秘的海鲜大户：当地人都知道自家藏着好货，但它们走不出去，只能请你亲自来体验。

麻虾之外，庞大的海鲜秘境

每年八九月，伏季休渔期刚刚结束，海鲜养到最肥美的状态。此时，食客会蜂拥而至虎门，就是为了尝一口咸淡水交界的鲜味。市场上人群熙熙攘攘，货车声、砍价声、塑料袋摩擦声此起彼伏，这是虎门大市场一年中最热闹的时候。

但如果你在清晨来到虎门新湾旧渔港，就能看到另一副朴素、静谧的样子。

新湾旧渔港

新湾原来的海鲜市场正在升级改造，现在于虎门傍海路摆了临时集市，海鲜档口规模不大，但卖的都是本地小海鲜。如果你有意逛旧渔港，不要错过附近的糖水铺。一碗糖水、一碟卤味，是当地人的下午茶标配。

营业时间：一般在上午 8 点开市，下午 1~2 点迎来当日新鲜渔获，此时也是市场最热闹的时候，下午 5 点则渐渐临近尾市。

地址：东莞市虎门镇傍海路

渔港沿海而设，一条全长几百米的街道，能买到各种神奇的新鲜水产和海味干货。这里的摊主不像大型批发市场那样急着叫卖，态度大多淡淡的，只有在你问的时候，才会多说两句。

本地人更愿意来旧渔港买海鲜，因为批发市场中的海鲜产品多是进口大路货，而旧渔港紧挨着码头，渔民们打捞上来的海鲜，会被第一时间送到这里，足够新鲜，卖的绝大多数是本地特有的品种。

在虎门另一个大型海鲜市场做螃蟹批发生意的阿威说，虽然大家都干海鲜这行，但是做海鲜进口批发跟卖本地海鲜的基本是分开的，各有根据地。要吃本地海鲜，就只能来这个旧渔港。这里“身价”最高的是麻虾和黄皮头，它们对生长环境很挑剔，只能生长在咸淡水交界、污染少的水域，是虎门最负盛名的水产。

麻虾通体透明，虾壳薄如蝉翼，背上缀着密密麻麻的斑点，个头极小，顶多拇指般长，难以想象卖得竟然比大海虾还贵。这么小的虾，很难像大虾那样剥壳，因此只能用唇齿轻揉慢捻，把薄薄的虾衣去掉，跟嗑瓜子有异曲同工之妙。

黄皮头就是长三角（长江三角洲地区）人民口中的梅童鱼。它长得很像小黄鱼，但脑门短而圆，尾鳍像窄窄的葵扇般散开，也只有中指般长，身价却不菲。不到一两大小的黄皮头，能卖上百元一斤。之所以金贵，一方面是因为黄皮头的产地实在有限，并且上岸就很难养活，难以远途运输；另一方面是因为其肉质实在是鲜美。

除了麻虾和黄皮头，旧渔港还有大量叫不出名字的小海鲜。如果

《寻味东莞》纪录片　摄

《寻味东莞》纪录片　摄

《寻味东莞》纪录片　摄

你不会说粤语，也没有本地人引导，在这里逛市场会很艰难，甚至连摊主说的名字都听不懂。

跟阿威这样的内行人一起逛海鲜市场，才发现渔民起名字精准得让人拍案叫绝。

比如有一种浑身光滑无鳞、细细长长的鱼叫“庵钉”，看起来真有点儿像钉子，一筐不过卖10元，熬汤煮粥时放一点儿，鲜甜拔群。还有一种小鱼，据说被捉时会发出响亮的声音，因此得名“唱歌婆”，不到巴掌大的小鱼，身披斑斓银黑条纹，在水里游动的时候像丝带在飞舞，把水面映得波光粼粼。

这里的海鲜摊主祖辈几乎都是疍家人，上岸后，依然选择在海边做生意。

逛完旧渔港的早市，你可以去对面的小店喝糖水。看着古早[1]的菜

《寻味东莞》纪录片　摄

① 福建闽南地区及台湾地区用得较多的词语，意思是有些年代感，用来形容有一些历史、让人怀念的食物。——编者注

《寻味东莞》纪录片　摄

单和定价，吹着咸咸的海风，恍惚间，时间在这里停止了。

虎门蟹饼，让人魂牵梦绕的家乡味

虎门鱼虾的精髓，在于小而鲜。虾要一点点剥，鱼刺要细细挑，没耐心的人很难体会这种精妙，但螃蟹就另当别论了。

吃螃蟹，重点是大，越是肥壮的蟹，肉质越紧实，吃起来越爽。

阿威是螃蟹专家，做批发生意十几年，每天有成百上千斤蟹经他的手流转。在他眼里，虎门蟹比进口蟹好吃。生长在咸淡水交界的青蟹，蟹壳更薄，蟹腿处泛起渐变的黛青色，一副“眉清目秀”的模样，肉质比海蟹更鲜甜。

虎门不仅产蟹，吃蟹也很精细，懂得欣赏青蟹在不同生长阶段的口感变化。除此之外，青蟹不像大闸蟹有那么强的时令性，全年都有供应，一年四季还能吃出不同花样。

春天是吃奄仔蟹的最佳时节。这种尚未产卵受精的幼年雌蟹，又叫“处女蟹”，如果将其一分为二，蟹膏会像淡金色的流沙般往下淌。

《寻味东莞》纪录片　摄

《寻味东莞》纪录片　摄

《寻味东莞》纪录片　摄

盛夏就该抓紧吃黄油蟹了。若按斤论身价，它能跻身“全球最贵螃蟹”的前十，每年只现身两个多月，是“蟹痴”疯狂追捧的梦幻名产，比大闸蟹的地位更高。这种蟹的肥膏过于饱满，会渗透整个蟹体，使其充满金灿灿的黄油，而顶级的“头手（黄油）蟹”，甚至连蟹爪的关节处都是黄色的。

夏天到初秋季节转换的时候，还有一种特殊的“重皮蟹”。青蟹一生要经历十几次脱壳，每脱一次壳，体形就大一圈。老饕最爱的“重皮蟹”，就是青蟹还没完全褪去硬壳，新壳也尚未成形的状态。此时，软壳下的蟹膏厚达半指，相当软糯肥美。不过，几百斤螃蟹中会偶尔出现几斤“重皮蟹”，市面上很少见，一般摊主会留下自己吃或者卖给熟客。

螃蟹的吃法很多，本地人最爱的还是虎门蟹饼。这是虎门独有的吃法，几乎每家海鲜餐厅和大排档都会做。

把螃蟹斩件，连最难搞的蟹钳也细细敲碎，加肉碎、蛋液混合，先蒸后焗，最后慢慢在明火上转动瓦钵，让多余汁水被渐渐收干，赋予蟹饼一重焦香之气。

一勺下去，同时尝到海陆双鲜。下层滑嫩，上层焦香，十分奇妙。整道菜的点睛之笔，是一种被当地人称为“薄荷”的香料，实际上是大家熟悉的干制九层塔碎，却让蟹饼在焦香中透出一丝近似薄荷和紫苏的草本清香，极具层次感。

球记饭店的老板说，做这道菜处处有讲究：比如肉碎要手剁，不能使用绞肉机，避免质地不够松；又如蛋液和猪肉的比例——这就是各家的机密了。

《寻味东莞》纪录片　摄

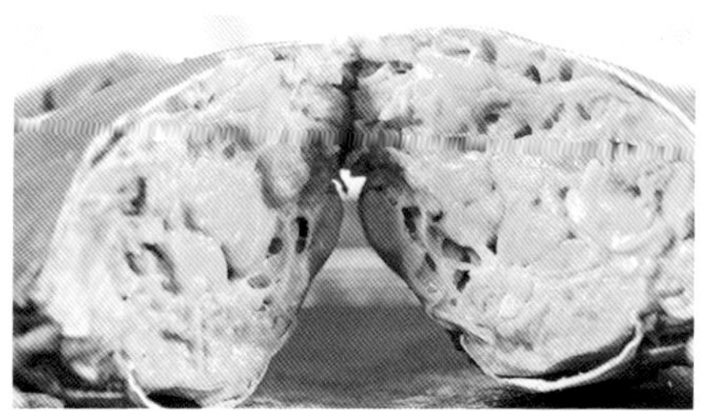

《寻味东莞》纪录片　摄

赖子裕　摄

球记饭店

开了 30 多年的老店，除了东莞家常菜和疍家美食，原盅炖汤也很有名。

营业时间：周一至周日 11：00~22：00

地址：东莞市虎门镇北栅社区 358 省道 579 号

电话：0769-85551802

推荐：蒸三鲜、虎门蟹饼，以及各式炖汤

虎门蟹饼的核心还是螃蟹的选材。蟹壳硬、蟹肉水分少的海蟹不行，难以释放足够的鲜美蟹汁，跟肉和蛋融为一体。生活水域不够洁净的蟹也不行，因其往往有杂味，做成虎门蟹饼反而放大了劣势，只能拿去炮制香辣蟹。唯独咸淡水交界的虎门青蟹，最适合这种做法。

球记饭店开了 30 多年，老板娘也是疍家人，所以你能在菜单上看到很多疍家菜。不过为了适应本地逐渐变化的风味，菜单也相应做了调整，像“鱼香茄子”之类的下饭家常菜如今也能在菜单上看见。

倘若你第一次来球记饭店，除了虎门蟹饼，还可以试试菜单上一道名叫“蒸三鲜”的菜。这是一道从前在疍家渔民餐桌上很常见的菜肴，说白了就是把3种本地小鱼虾一起蒸熟。烹饪手法简单，入口鲜味层层叠叠，像海浪般翻涌上来。传统上，“蒸三鲜”要用花鱼、白鸽鱼、麻虾，但由于白鸽鱼产量稀少，常见于春、夏季，价格比黄皮头更高昂，所以有些店会用其他鱼代替，风味略逊几分。

像球记饭店这样的餐厅，虎门有不少。老板或厨师从祖辈便世世代代跟海打交道，只是如今他们已经不再亲自出海捕鱼，而是上岸开起餐馆，把儿时记忆中的疍家味道传承下来。

一家29年老店，传承传统疍家味道

不过要让本地人推荐，他们几乎还是会提到虎门的明记餐馆。

明记餐馆

在虎门家喻户晓的海鲜餐厅，做的都是地道疍家菜，老板明叔至今仍在店内亲自掌勺。

营业时间：周一至周日

09：00~14：00

16：30~21：00

地址：东莞市虎门镇新渔村富民路9号

电话：0769-85715587

推荐：白灼麻虾、蒸三干、虎门蟹饼、面豉酱蒸黄皮头

老板兼主厨的明叔今年已经60多岁，依然亲力亲为打点饭店大小事务。他从小跟父母漂在海上，耳濡目染，对于不同季节适合吃哪些海鲜，又有什么特色做法等，早就熟稔于心。

在明记餐厅吃饭不用菜单，直接对着门口的海鲜池点菜。倘若你看上某种海鲜，店员报做法就像说顺口溜：清蒸、盐煎、椒盐、美极……流畅得不行。

白灼麻虾，虾肉透出淡淡的樱花粉色，像富家千金低头的一抹羞赧，口感是前所未有的弹和嫩。在它面前，海虾活像个糙汉子。只要吃了第一只，你就

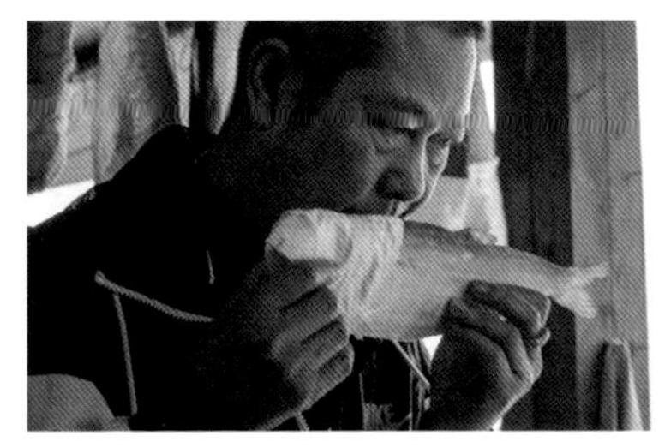

《寻味东莞》纪录片　摄

《寻味东莞》纪录片　摄

忍不住伸手去抓第二只、第三只……

清蒸黄皮头，虽然鱼小、刺多，但味道鲜美，鱼肉嫩滑得几乎没法用筷子完整地夹起来。明记餐馆还有另一种烹饪妙法，用面豉酱蒸。面豉酱是以大豆、小麦等原料发酵成的浓酱，咸鲜回甜，堪称“中式味噌”，它自带一种豆制品发酵的鲜味，很能衬出鱼肉本身的清鲜。

牛记大排档

营业时间：周一至周日
10：30~14：00
16：30~21：00
地址：东莞市虎门镇新湾朝阳路 16 号
电话：0769-85715637
推荐菜品：清蒸黄皮头、飞蟹蟹饼、鸡泡鱼汤

最惊艳的是“油盐水浸唱歌婆”。其做法简单：烧一钵开水，等水滚至冒出虾眼大小的泡泡，把鱼放入水中浸熟，全部调料不过些许油、盐、几片姜。新鲜的“唱歌婆”吃起来竟然有内酯豆腐般的水润度，与其说是咀嚼，不如说是抿，用上颚抵住舌尖，轻轻碾压几次，鱼肉便化成一汪鲜甜。

陈记餐饮

营业时间：周一至周日
17：30~03：00
地址：东莞市虎门镇威远桥边一路 1 号 105 室
电话：13412287993
推荐菜品：新鲜猪杂粥、咸骨粥、卤水拼盘、火锅

明叔说，其实疍家菜真没什么花巧，重点就是食材新鲜。明叔的表弟有两条渔船，只要拨一通电话过去，他总能拿到最新鲜的货。外面那些花里胡哨的调味和做法，反而不是传统疍家菜的风格。

什么才算传统疍家菜风格呢？

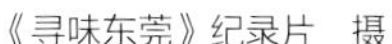

《寻味东莞》纪录片　摄

《寻味东莞》纪录片　摄

世代与海洋打交道，“海上吉卜赛人”

有海的地方，就有疍家人。这些神秘的“海上吉卜赛人”，以海为床，以天为被，常年漂在水上，以捕鱼和从事海上运输业为生。海上生活的特点，造就了疍家人独特的烹饪方式和饮食哲学。

出海风浪大，难以腾出慢慢炖煮的时间，所以疍家人的烹饪手法以煎、煮、蒸为主，务求方便快捷，没有繁复的烹饪工序，只靠最基础的工具一步成菜。所以，疍家菜里经常出现陶钵，一方小小的钵，往往既是炊具，也是餐具，比如使用“油盐水浸”，方法虽简单，却无比鲜美。

倘若疍家人去更远的海域捕鱼，长时间不靠岸，食材、香料和淡水的补给便不及时，但新鲜渔获总是不缺的，只要给他们一把盐，就能变出无数美味来。典型代表菜是盐煎鱼，做法不能再简单了：煎鱼时不放任何调料，只撒些许盐，充分勾起鱼的咸鲜。听起来挺无趣的，但对于“靠海吃海”的疍家人来说，新鲜的海产只要保留原汁原味，就足够好吃了。

吃不完的鱼，疍家人会把它们晾晒成鱼干，以便长时间保存。你可能难以想象，连鱼皮、鱼鳃也能被他们物尽其用，晒成干货！这种海味没有经过烟熏，还保留了些许水分，相对湿润而清鲜，自带微咸的海水气息。上锅一蒸，蜷缩的海味充分舒展开来，一道疍家的传统家常菜便完成了——蒸三干。

跟一般人想象中天天吃海鲜盛宴的情景不同，疍家人从前的生活清苦且忙碌，不出海的日子，也得忙活着补渔网、晒鱼干。他们吃、喝、住都在船舱里，为了防潮和节约空间，睡的是瓷或木质的枕头，方方正正，仅一掌大小。无论男女，都长了一双宽大、扁平的脚，这双脚压住了在风浪里飘摇的小船，压出了一部“海上吉卜赛人”的流浪史。

如果自己买海鲜想要进行简单加工：

1. 秋记海鲜大排档
2. 辉记海鲜加工
3. 祥记海鲜馆

20 世纪 70 年代左右，疍家人响应政府号召，聚集到如今的虎门新湾，渐渐不再从事渔业了。据统计，1993 年，东莞有 2 000 多条船，船上住着大约 1 万疍家人，到现在仅剩 300 多条船，而且大多是小艇，还在从事渔业的疍家人不过几百。

他们的后代，有的辗转于渔港码头，做起海鲜买卖；有的开起餐厅，把疍家菜传承下来，但那抹海洋的底色，始终不变。

作者：梁瑞心

《寻味东莞》纪录片　摄

《寻味东莞》纪录片　摄

大岭山烧鹅

在东莞，大大小小的烧鹅店都会打着“大岭山荔枝柴烧鹅”的旗号招徕顾客，每逢周末，家家烧鹅店门前都停满从全国各地来的车。

让人驱车成百上千公里，专程去吃的大岭山烧鹅，到底能“神仙”到什么地步？

即便是已经出炉3小时的大岭山烧鹅，一口下去，你也能清晰地感知鹅皮下丰腴的脂肪。鹅肉嫩且柔韧，细细咀嚼，肉汁汹涌奔腾，复杂的香料味一层层打开……

在大岭山，这种水平的烧鹅店密集地分布在一条街上——矮岭冚（kǎn）村向东街，不过大家更习惯叫它“烧鹅街”。这条不过短短几百米的街道，聚集了大岭山十几家烧鹅店。因为竞争激烈，每家店制作的烧鹅不仅质量上乘，还各有特色。

更有趣的是，矮岭冚村居住的主要是叶姓人，所以你会发现，整条街的烧鹅店老板都姓叶。这条神奇的烧鹅街是怎么诞生的？又是如何一步步积累出如今大岭山烧鹅的影响力？

20 世纪 70~90 年代：大岭山工业腾飞与烧鹅街的雏形

时间拨回 20 世纪 70 年代，彼时大岭山以荔枝闻名，家家户户都会种荔枝树，而烧鹅并不普及，普通人家吃的不过是鸡肉、猪肉，逢年过节再添一只鸭已经很满足。

大岭山胜记烧鹅店的老板胜哥记得，他父亲那辈做烧鹅，用的还不是如今常见的粗壮荔枝柴，而是廉价的蔗渣，辅以荔枝树的零碎枝杈。“当时村民还要靠荔枝吃饭，哪里舍得砍荔枝柴做烧鹅？”

盲五烧鹅

只要提起大岭山烧鹅，盲五烧鹅必定在东莞“土著”推荐的店铺名单里。从 1993 年开业至今，盲五烧鹅的名声在大岭山口口相传，但秘方始终没传出去过，牢牢守在自家手里。

营业时间：周一至周日

11：30~13：30

17：00~20：30

地址：东莞市大岭山镇大窝正路 6-7 号

电话：0769-85608066

经济不丰裕，村民们便就地取材，用红泥砖搭起烧鹅炉，架上一个钟形泥罩，形成半密封的环形空间，让热量更集中，再用铁丝吊住烧鹅颈，方便随时旋转鹅身以控制火候均匀度。这种工具被称为“鹅楼”，是大岭山的特色，原料平价易得、组装方便，对家庭式操作者极其友好。

谁也没想到，这种在艰难环境下的创造，后来竟成为大岭山烧鹅最显著的标志。

纵观烧鹅名产地，做烧鹅用的大多是泥缸或者太空炉，足足有一人高，每次做烧鹅都是兴师动众的大场面。而大岭山这种看似原始的鹅楼，却能把做烧鹅的便利带给每家每户，村民在自家天台就能烧好。

也因为如此，大岭山早期并没有所谓的烧鹅街，毕竟家家户户都能自己在家做，谁会出去买呢？

烧鹅街的形成，离不开一个关键人物——盲五。

《寻味东莞》纪录片　摄

据当地人回忆，大岭山较早把烧鹅做出名气的是盲五。盲五并不盲，因她丈夫在家族里排行第五，大家就叫她“盲五”，形容她做事有股傻劲。盲五的文化水平不高，最初只是耕田种菜，后来为了谋生，到饭店打零工，跟师父学了一门做烧鹅的手艺。

1993 年，盲五在如今的矮岭冚乡镇政府对面开了一家烧鹅专门店，正好踩在时代的鼓点上。

20 世纪 90 年代，正是东莞大量承接外来制造业，转变为“世界工厂”的过渡期。大岭山镇早早就确立了“工业立镇”的理念，其中集聚效应最明显的是家具行业，让这里一度成为中国的家具出口重镇，甚至获得了“中国家具出口第一镇”的头衔。老板们一拨接一拨地涌入大岭山，盲五说当年厂商谈生意，都会招呼他们来店里吃烧鹅。

与此同时，政府将大批农业用地转为工业用地，砍了不少荔枝树。粗壮的荔枝木漫山遍野都是，成为做烧鹅的绝佳燃料。

比起蔗渣等早期燃料，粗壮的荔枝木优点很明显：火力稳定持久、烟雾少，烤出来的烧鹅色泽红棕艳丽，鹅皮也更酥脆。刚砍下来的荔枝木不能直接当作燃料，要放在户外经历风吹日晒，陈化至少一年，让木头里的水分充分蒸发，那样燃烧时热力更稳定。

盲五从开店以来就坚持用荔枝木做烧鹅，很讲究时间与火候。刚开始要用小火，把鹅慢慢烧至半熟；再转为大火，慢慢转动鹅身，让鹅皮均匀上色；最后转为中小火，把鹅皮烤酥。这样做一只烧鹅，起码要烧 40 分钟，是一件极其考验耐心的事，但盲五从不假手他人。

乘着经济腾飞的东风，再加上后天的勤奋，盲五挖到了第一桶金。

从一家 100 平方米的店，到后来面积翻了一番的新店，被盲五的手艺吸引过来的食客络绎不绝。可惜盲五现在年事已高，把店转交给儿子和儿媳打理，隐退为一代江湖传说。

虽然盲五已经不再亲自做烧鹅了，但传下来的配方和手艺一直没变。盲五的儿子依然坚持每只鹅自己烧制。“（很多）人求快，认为烧熟就行，但那样做出来的烧鹅就不是这个口感，怕是会砸了自己的招牌。”盲五的儿子说道，所以至今盲五也只有一家店，并无分店。

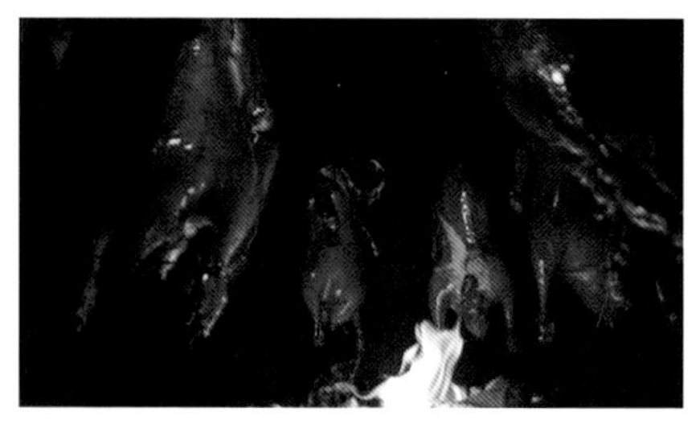

《寻味东莞》纪录片　摄

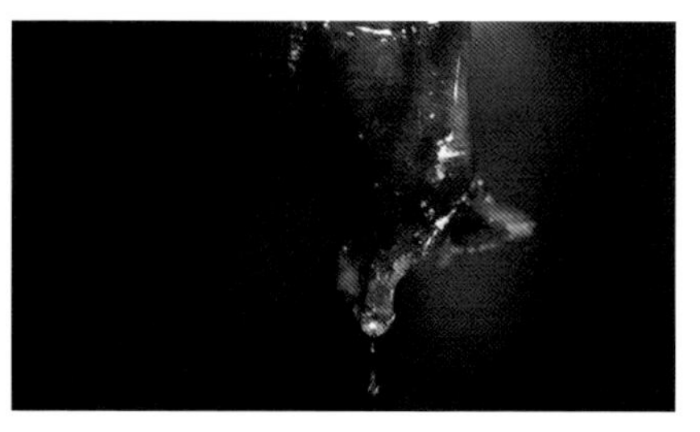

《寻味东莞》纪录片　摄

钱钧娓　摄

在大岭山，类似这样的故事不少。前人创的业，后人守得住，他们鲜少有疯狂扩张的野心，多的是温和又笃定的坚持。

后来，大家看盲五的生意红火，也纷纷在向东街开店，形成集聚效应。专门来品尝的食客从隔壁镇拓展到全国，地域越来越广，逐渐打响了“大岭山荔枝柴烧鹅”的招牌。

千禧年后：大放异彩的烧鹅街与烧鹅美味之谜

如果说 20 世纪 90 年代是大岭山烧鹅街逐渐成形的阶段，那千禧年后，便是这条街大放异彩的时刻。

继盲五烧鹅之后，烧鹅街崛起了不少后起之秀，其中一位佼佼者是胜记烧鹅，曾创下一天卖出 120 只烧鹅的纪录，至今仍是大岭山的一个传奇。

儿子阿文从胜哥手上接棒，成为胜记烧鹅的第三代传人。在他的印象中，从2010年前后开始，便有香港旅行团专门组队过来吃烧鹅，那时"大岭山荔枝柴烧鹅"已经名扬珠三角了。

这种烧鹅跟广东同样有名的古井烧鹅、深井烧鹅不同，属于很特殊的非脆皮流派。倒不是说鹅皮完全不脆，而是比起追求极致酥脆的表皮，它更讲究皮脆和肉嫩的平衡，所以在制作过程中，不会经过长时间风干，而是腌制完直接上炉烤，这样做出来的烧鹅保留了丰富的肉汁，有传说中一口爆汁的爽感。

胜记烧鹅美食店

营业时间：周一至周日

09：00~14：00

16：30~21：00

地址：东莞市大岭山镇向东路46号

电话：0769-83351758

这种烤法对鹅的要求很高：鹅太肥，鹅皮下的脂肪容易烤不透，吃起来一嘴油；鹅太瘦，又很难烤出嫩滑多汁的效果。

阿文最初的选择是从源头把控，自建养鹅场。大岭山地处丘陵山区，分布着数百个海拔在500米以内

《寻味东莞》纪录片　摄

的低矮丘陵，丘陵之间遍布水田，从地形和气候条件来看，是得天独厚的养鹅基地。因此，自20世纪70年代开始，当地就有养鹅的风俗。

后来阿文选择直接采购清远的乌鬃鹅，这种中小型的鹅肉嫩骨细，是公认的最适合做烧鹅的品种之一。制作大岭山烧鹅，即便是采购，对鹅的大小和鹅龄也有严格限制，阿文需要养鹅至80天，鹅大约8斤重，这时鹅肉积攒了一定的皮下脂肪，肉质肥嫩，又有“鹅味”。

制作大岭山烧鹅更为重要的是调味。家家都有自己的独门秘方：有的喜欢大量用汾酒，调出浓浓的酒香；有的偏爱南乳和蒜头的组合，融汇成一种咸甜交织的丰厚酱香；最特别的是用少量莞香提香。这是东莞特产的一种香料，早在宋朝时便是贡品，价格高昂，烤热之后，便会散发出奇异而浓郁的幽香。

很多东莞人偏爱某家烧鹅店，很可能只是因为那家的烧鹅汁调得好，浇在濑粉上特别有“灵魂”。

所以在大岭山烧鹅街，每家店各有拥趸。一到周末，街上就停满了外地的车，一拨又一拨的食客像浪潮般涌来。阿文记得，胜记烧鹅生意最好的时候，一天卖出了120只烧鹅，店门前的12个鹅楼从早到晚不停地烤了10个小时，消耗了超过200斤荔枝木，空气里飘满了柴火味和浓浓的肉香味。

如今那样的震撼场面已经消失了，为响应政府的环

旺记烧鹅

它在大岭山烧鹅街经营了11年，是响当当的老字号。除了招牌烧鹅，这里的药膳掌翅、豉油王鹅肠几乎是每桌必点的菜式。

营业时间：周一至周日

11：00~14：00

16：00~21：00

地址：东莞市大岭山镇工业区向东路135~137号（靠近向东小学）

电话：0769-83359406

《寻味东莞》纪录片　摄

《寻味东莞》纪录片　摄

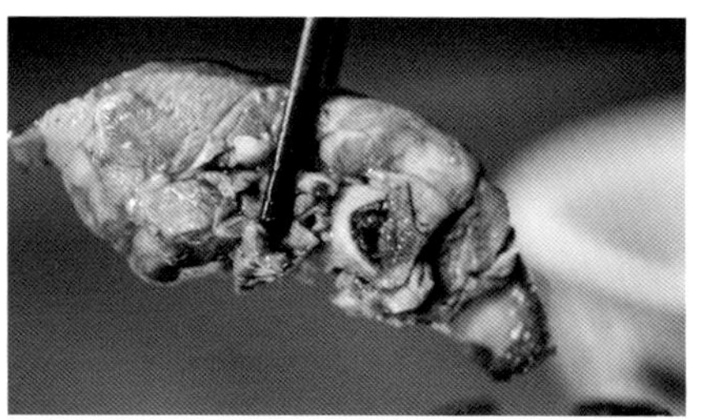

《寻味东莞》纪录片　摄

保号召，阿文不再在店门前烧鹅。不过逢年过节，阿文的爸爸还是会忍不住像以前那样，搬出鹅楼，在自家天台上烧一只鹅拜神，祈求祖先保佑，这大概是对传统的敬畏。

广东大部分地区信奉“无鸡不成宴”，拜神必须有白切鸡，然而大岭山人祭出的却是烧鹅。烧鹅在大岭山的地位可见一斑。

大岭山烧鹅之所以能牢牢抓住本地街坊的心，同时吸引往来游客，不仅仅是因为好吃。

要知道，制作一只烧鹅至少要经历腌制、上皮水、烤制这 3 个步骤，动辄花上大半天的工夫。在广州，它是一道制作繁复、耗时又长的烧腊[①]，常见于高档餐厅和酒楼宴席上。在港澳地区，烧鹅更是判断高端粤菜馆水平的标杆之一。

然而对大岭山人来说，烧鹅更像日常轻松可得的美食。看定价便可知：即使在物价以亲民著称的广州，一例烧鹅（约 1/4 只鹅）的价格也很少低于三位数，而在大岭山呢？一只油光发亮、能铺满整个碗的大鹅腿，再加一碗濑粉，也不过 20 元。

梅林农庄

营业时间：周一至周日

11：00~14：00

16：00~21：00

地址：东莞市大岭山镇梅花村美花林路 1 号

电话：13751231020

想来也合理，自己家就能做的东西，本地人确实不太愿意花大价钱出去吃。

大岭山还有什么值得吃？

但如果来大岭山一趟，只吃烧鹅，那就太可惜了。在这里，你甚至能吃出一桌有十几道菜的全鹅宴的阵仗。

老饕最推荐你点的一道，往往是鹅翅。因为烧鹅在烤制之前会先去掉鹅翅，怕火太大把它烤焦。懂行的人会专门让餐厅预留新鲜的鹅翅，只要放点儿姜、葱慢慢在砂煲焖熟，就是一道上好的鹅翅煲。当地最常见的做法还有将鹅翅放入咸鲜的卤水、甜美的药膳之中，滋味各有各的妙处。

---

① 粤菜系中的传统名菜，包括烧鹅、乳鸽、乳猪、叉烧以及一些卤水菜式。——编者注

做烧鹅每天要宰成百上千只鲜鹅，所以大岭山还有各种令人拍手叫绝的鹅内脏菜式。

比如，带着油脂和肥膏的鹅肠，表面有种流沙般的触感，爽脆而不韧，口感跟滑溜溜的冻品相比完全不同。鹅肠内侧那层白花花的油脂，也是新鲜的明证，如果鹅肠经过冷冻，肥膏便会开始脱落。面对此等尤物，你可以选择广东人招呼新鲜食材的最高礼遇——白灼，想吃得香一点儿，也可以选择豉油皇炒鹅肠。

还有看似简单的鹅血，大岭山无论哪家都做得极好，这样的鲜度实在难得。新鲜鹅血一点也不腥，筷子夹起来水灵灵地嫩，还在颤巍巍地抖动，入口的嫩度很接近内酯豆腐，几乎不费吹灰之力就顺着喉咙滑下去了。

如果跟老板关系好，你甚至还能吃到鹅舌——鹅舌的舌根比鸭舌更肥厚，如果火候控制得足够好，甚至会有一口爆浆的感觉，很奇妙。可惜一只鹅就一根舌，数量不多，只有熟客提前打招呼，老板才会为其留下。

主食如果不想吃濑粉，就选一碗香喷喷的鹅油饭吧！碳水和脂肪双双“加持”，吃到嘴里有油脂迸裂的幸福感，摸着圆滚滚的肚子，人生圆满了。

《寻味东莞》纪录片　摄

《寻味东莞》纪录片　摄

《寻味东莞》纪录片 摄

吃饱后走在大岭山路上，看着店门口堆放的一捆捆荔枝柴，闻着空气里传来的“欢快”的柴火香气，你会突然领悟盲五烧鹅那种兢兢业业守住祖传口碑的坚持，和胜记烧鹅那种脚踏实地的创业，同时不忘传统的敬畏。正是这些脚踏实地的大岭山人，把烧鹅街一步步从零做到今天的样子。

一只烧鹅背后，是大岭山人精神图腾的高度凝练。

作者：梁瑞心

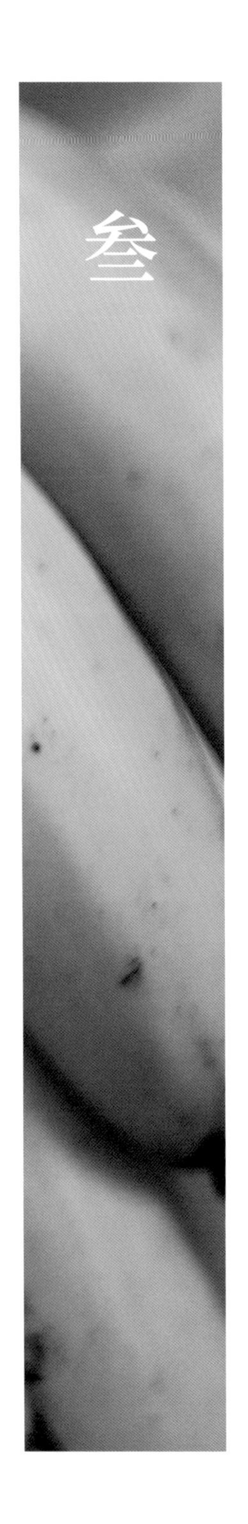

麻涌的香蕉

在这家位于麻涌镇漳澎村的农家小院里，蕉蕾煎蛋、香蕉焖鹅、糖醋香蕉、酒糟煮香蕉、紫菜香蕉糖水都是头号招牌。如果你对麻涌的香蕉滋味感兴趣，来这里准没错。

就拿蕉蕾煎蛋来说，其扎实的分量让人惊叹。蛋饼一切八份，一口下去是肉糜和鸡蛋交融的多汁感，蕉蕾的滋味没有想象中突出，需要舌尖细细碾过，才能发现如笋尖般脆嫩的惊喜。

香蕉焖鹅也很精彩。鹅是农家自己养的，肉质细嫩，但这道菜的主角还是香蕉。焖鹅里的香蕉拥有完全不同的口感，更类似于芋头的粉糯。因为是青香蕉，所以几乎没有甜味，被煎得香脆后又吸饱了鹅卤，好吃得让人停不下来。

还有令人萌生无限好奇的紫菜香蕉糖水。《寻味东莞》纪录片中对它的描述是“异想天开的搭配，麻涌的甜品标识”，可当它真的出现在面前，你感受到的却是一种质朴和低调。

白色的大瓷碗里，香蕉和紫菜或重或轻地漂散开来。端起来，是生姜的气息；端近了，是红糖的甜香；咬一口，是香蕉的粉糯；喝一勺，是紫菜的鲜爽。最后所有感觉融合在一起，味蕾开始升级：原来世间还可以有这样的味道！值得深刻牢记。

《寻味东莞》纪录片　摄

《寻味东莞》纪录片　摄

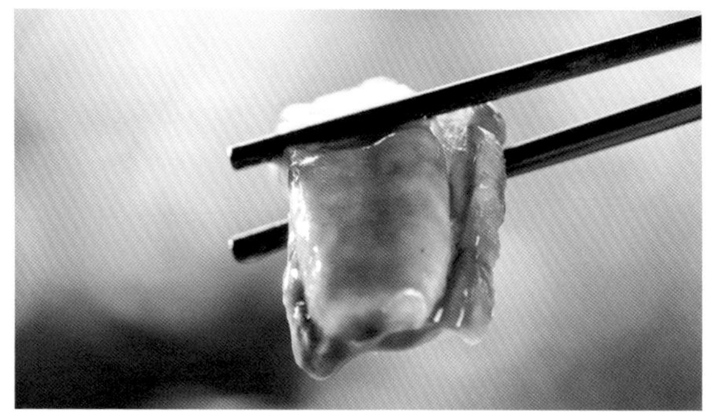

《寻味东莞》纪录片　摄

《寻味东莞》纪录片　摄

待一顿“蕉足糖饱”，你还可以坐在这个农家小院欣赏麻涌最后的香蕉风情：一张张大桌傍水排开，对岸就是成片的香蕉林。起身远眺，西下的太阳浑圆而明亮，映得蕉林如剪影般梦幻。不远处河里还有一条木筏，虽说早已不再使用，却依旧带给人传统水乡的意境。

丰收农庄

它位于麻涌镇漳澎村最北端，地理位置略偏僻，但一路过来风景非常优美，还可以看见香蕉树、甘蔗林、火龙果林，等等。尤其是晚饭点前，夕阳西下的景致，会让你体会到水乡的美。另外，这里还有蟛蜞、鲫鱼等水乡美食，值得专程去一趟。

营业时间：周一至周日

11：30~14：00

17：00~20：00

地址：东莞市麻涌镇漳澎村新港南路与新沙路交叉口西北方向 30 米

电话：13723580032

作为传统蕉农的家庭食物，香蕉入馔并不是在哪里都能找到的，这家丰收农庄是比较靠谱的选择。虽说有点远，但沿途的风景也算是旅行的一部分。看着车窗外从城镇高楼逐渐变成香蕉林、甘蔗林，人也会慢慢变得舒缓、宁静。

> 南方的腊月天气，太阳分外温柔……金色的阳光、翠绿的蕉林、银光闪闪的河水，看起来色彩鲜明、饶有生趣。一棵耸立在河边的巨大刚劲的木棉树，挂满含苞欲放的花蕾；生长在村子周围、沿着河岸的、小园子里的、屋墙地上的、零星四散的荔枝树、龙眼树、番石榴树、芭蕉树、木瓜树……仿佛使人闻到香喷喷的花果味。

记忆里的香蕉滋味

在来到麻涌以前，陈残云的长篇小说《香飘四季》大概是很多人对于东莞水乡的唯一认知。这是一部基于麻涌水乡创作的小说，记述了 20 世纪 60 年代麻涌年轻人努力建立新农村的故事。虽说爱恨情仇早已飘散，但书里对麻涌景色的描写，和水乡人不惜一切的劳作状态，时至今日仍令人印象深刻。

钱钧墀　摄

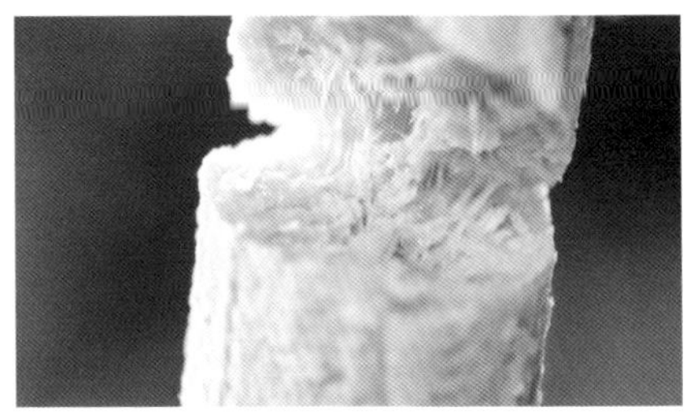

《寻味东莞》纪录片　摄

周春汉便是一个出生在那个时代背景下的蕉农。小时候，他家里承包了香蕉林，在如今的新沙港工业区，那时每天早上他都会划着小艇去对岸照料自家的香蕉树，“以当时的条件，划艇要一个多小时才能到”。

20 世纪 70 年代中期，国家政策开始允许自由种植农作物，麻涌便恢复了对香蕉的大面积种植。周春汉那时候不到 20 岁，正年轻力壮。

“绝大多数日子，我们 6 点左右起床，吃完早饭划艇去香蕉林，看看有没有虫子，哪里需要施肥。长得差不多大的要拿竹竿把它撑着。我们这个地方台风比较多，不拿竹竿撑着，香蕉很容易被折断。”

与稻米或季节性水果不同，香蕉一年四季都可以成熟。刚恢复香蕉种植那会儿，人们的香蕉还是自留种，也没什么统一的成熟期。于是蕉农进蕉林干活，需要整排树一棵棵看过去，判断不同生长状态的香蕉树需要什么不一样的处理方法。这是一种工作强度很大的体力活，会从早上持续到下午。

因为一工作就是好几个小时，所以绝大多数蕉农清晨需要靠大米饭维持体力。在那个物资不富裕的年代，猪肉和蔬菜都是奢侈品，大家吃得最多的，还是旁边河塘里抓的小鱼小虾。“我母亲喜欢用酱油煮小鱼小虾再放在碟子里，早上是它，晚上也是它；今天是它，明天也是它。那些虾都很小，无法剥壳，得连壳吃，所以那时候我的上颚就一直是破的。”

除了吃酱油煮的小鱼小虾，还有香蕉。

“好的香蕉都拿去卖钱了，剩下的分两种。一种是生香蕉，直接上

叶瑞和 摄

《寻味东莞》纪录片 摄

锅连皮蒸，蒸熟了以后剥开皮，拍点儿姜、撒点盐当菜吃。另一种是快要烂掉的，就会碾成泥煎一煎，然后加上姜，加点儿红糖，有时候再放点酒酿，冲成糖水喝。”

回想起那时的饮食时光，周春汉的眉间偶尔会闪现一丝褶皱。你能从那一闪而过的情绪里，体会到麻涌人当时的生活艰难程度。

“那时候能吃到猪肉简直是最开心的事情了！”周春汉说，所以他至今都很喜欢吃猪肉做的菜。

麻涌人的香蕉人生

沿着麻涌河，两岸都是宽敞的马路。周春汉年轻那会儿，这里全是用竹子跟甘蔗叶搭起来的棚子，“一连大概十几家吧，得有 1 000 多平方米，非常大，收购香蕉的小贩全在这里等着”。

将香蕉卖出去是村民日夜劳作的终极目的，河口这一排棚子，便是承载所有希望的目的地。这里从每天凌晨 3 点开始忙碌，无数的小艇会满载沉甸甸的青色香蕉，从自家蕉林向这里靠近。

所以只要是收香蕉的日子，周春汉的作息也得调整。“每隔 10 天或半个月吧，我们就要来这里卖一次香蕉。那天一般是最辛苦的。”他这样说道。

《寻味东莞》纪录片　摄

《寻味东莞》纪录片　摄

砍香蕉的前一天，家里所有能干活的人都会聚集在蕉林。七八亩地，900 多棵香蕉树，一棵棵排查，标记下可以砍的。第二天凌晨两点左右，大伙儿就会起床，划 1 小时小艇到自家的蕉林里，找到标注记号的香蕉树，开始砍。

“这个比拼的就是速度了，因为砍完要立刻运去河口收香蕉的地方。去晚了等人家收得差不多了，就会开始压价。卖的价格不好，就白辛苦了。”

作为不耐按压的水果，香蕉在整个售卖过程中需要尽量少搬运。这要求收香蕉的人必须依靠双眼评估香蕉的品相和重量。一艘艇来到河口，蕉农首先遇见的，就是拥有“火眼”的小贩。他们会跟蕉农交流，评估品相、重量和价格，在不动声色的电光石火之间，确定愿意收的量。谈拢后，蕉农和小贩一起把香蕉搬上岸。

紧接着小贩会给自己收购的香蕉找下家。偌大的香蕉收购站，挤满了来自各线城市的收购商，他们出的价格各不相同，对品相的要求也因此不同。一线城市的收购商往往出价最高，拿到的香蕉也是最好的，二、三线城市的收购价格会依次往下降。也有城市无论好坏照单全收，总之小贩和收购商的交易，也会延续这门博弈学。

收到香蕉的中间商有的会就地把一排排香蕉从长捆上削下来——这也是在岸边的某个棚子里完成。一个挂钩、一把镰刀，唰唰几下，一排排香蕉就被分割下来，整齐地堆放在棚子里的某个地方。

有些中间商会把收购的香蕉转卖给大宗收购的商人。那些大批发商往往拥有最大的棚子，卡车或货船直接停在岸边。它们去的地

郑家雄 摄

方往往比较远，有的甚至会将香蕉通过火车运往俄罗斯或上船送往日本。因为量大，车船上也会安排本镇人看护，确保运输途中空气流通，香蕉不会过早成熟。

待到最后一批船或卡车开走，收购站就会进入零散和安静的状态。生活重新回归正常，蕉农们也早已回到家，吃完了今天的早饭。

在香蕉种植最鼎盛的时期，每个村都有香蕉收购站。“规模最大的大概就是漳澎村了。那边地多，而且三面环水。早上如果把握好时间，能看见几百艘艇连成排，从远处看，绿油油一片，非常壮观。”周春汉说。

漳澎蕉农的田园生活

在经历两次搬迁后，如今的漳澎香蕉交易市场藏在麻漳公路和新沙路交会的一条小径深处。若没有本地人领路，很难注意这里有收购香蕉的地方。

凌晨5点，满载香蕉的三轮车、摩托车在棚外络绎不绝，青绿色的香蕉在棚内堆叠。如今，香蕉交易市场早已没有十几个大棚依次排开、无数的小艇等待上岸的壮观场面。人们虽然还是在进行各种检查、攀谈和交流，但你能真实地感受到，香蕉贸易的繁盛已不复存在。

中间发生过什么？漳澎蕉农钟立枝知道答案。

他跟《寻味东莞》纪录片中一样精神，只不过头发灰白了不少。“现在大家都不怎么去交易市场啦。交通这么方便，很多人都是直接在蕉林外面挂个电话牌，收香蕉的人看见了就直接开车来蕉林里收啦！”他继续解释，“再加上绝大部分人已经不种香蕉了，想看到以前那种场面应该是不可能的啦！”

据说改变是从2000年前后开始的。

席卷全球香蕉生产国的黄叶病从中山、番禺等地被带进了麻涌。“这病就是香蕉树的‘癌症’，治不好。”钟立枝比喻道。这是一种真菌型病毒，感染了这种病毒的香蕉，叶子会从边缘开始向中心变黄，然后迅速枯萎。真菌还会残存在土壤里，不断蔓延到其他香蕉树。只要一棵树受到感染，整片地的废弃只是时间问题。

也就在那前后几年，一片片香蕉林开始枯萎，蕉农们颗粒无收。香蕉是蕉农唯一的经济来源，香蕉树死了，生活来源就没了。一部分仍然心系种香蕉的人，想到了找没有被真菌污染过的土地的方法，于是他们去了海南、贵州，在那里承包土地种植香蕉；另一部分人则彻底放弃种植香蕉了。

彼时麻涌也开始了快速的经济发展，蕉农把地承包出去，过上了另一种生活。

钟立枝是为数不多还在种香蕉的农民。他承包了近100亩地，依旧延续着蕉农的习惯，三餐四季地种着香蕉。但即便于他，种香蕉也不再是唯一的经济来源，而是一种兴趣和生活习惯。

他在香蕉园里种了3种蕉：香蕉、大蕉、粉蕉。

香蕉是我们所熟悉的，纤细修长带个弯，成熟以后口感甜软绵密，是钟立枝种最多的品类。大蕉则体态相对粗大，棱角分明，像香蕉界的壮汉。其成熟的果实一眼就能从蕉群里识别，口感大多甜酸相交，果肉没有那么细腻，也少了几分香气。粉蕉则是另一种独特的香蕉，也叫糯米蕉、芭蕉，它们身躯娇小，果实比手掌长不了多少，却拥有厚实的肉身，吃起来酸酸甜甜的，相较于香蕉的粉糯，更有一种扎实的口感。

莞香楼

这里楼上还有一个美食博物馆，如果正逢博物馆开门，可以去看看。

营业时间：周一至周日

07：00~14：00

17：00~23：00

地址：东莞市万江街道金泰路1号

电话：0769-22117788

跟钟立枝漫步在蕉林，你会时不时地发现他种的荔

《寻味东莞》纪录片　摄

枝树、黄皮树、橘子树，甚至有草本药材（如五味子等）。路过水塘边，他也会带你认识消失已久的大个蟛蜞，和他从小吃到大的香蕉花蜜——这是香蕉花蕊末端类似蜜囊的东西，直接吮吸有果冻般的质感，非常有趣。

钟立枝今年 43 岁（截至 2020 年），他这个年纪的绝大多数男性很少像他这样，安然地在自己出生、长大的漳澎种香蕉、养大鹅，这是很多城市人羡慕却又不敢迈出脚步的生活。

“死过一次就知道珍惜。”他轻描淡写地说。多年以前，钟立枝突然晕倒，被送去广州住院，做了两次手术才从鬼门关逃了回来。“现在我真的无欲无求，有房子住，有车子开，有田可以种，够了。《寻味东莞》播出后有记者想来采访我，也有朋友建议我去做农家乐，我都拒绝了。我不想让那些声音扰乱自己的心，开心地活着就很好了。”

做了一辈子蕉农，钟立枝说其实每年 3~5 月熟的香蕉才是最好吃的，“那时昼夜温差大，香蕉最甜”，过了这段时间，他就基本不吃香蕉了。

而想买正宗的麻涌香蕉，还是得来麻涌。在香蕉成熟的时节，下班时间散步去麻涌旁边的工厂，或类似创客坊的步行街，一定能找到当天刚砍下的新鲜麻涌香蕉。蕉农摆摊卖香蕉一般都在那段时间，并且去人多的地方。或者你可以去莞城、南城一些对传统东莞滋味进行了创新的餐厅，后厨里那些土生土长的东莞厨师，会带着另一种创意，将麻涌的香蕉做成让人无法拒绝的甜品。

作者：梅姗姗

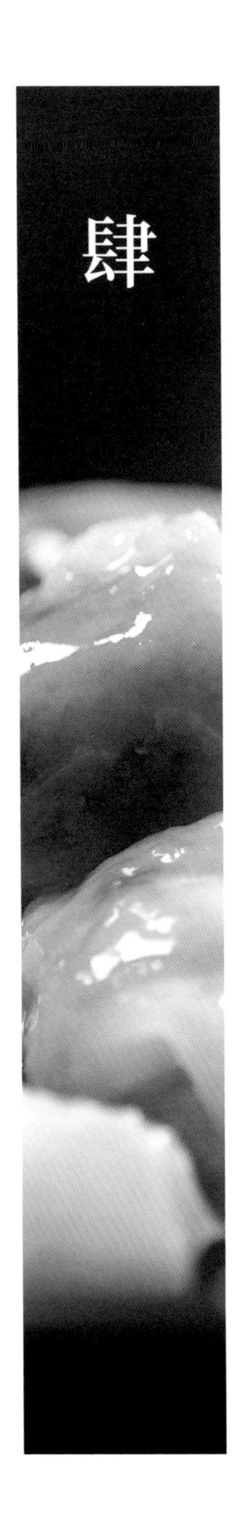

水乡消夜

冼沙鱼丸，藏着水乡人对鱼的依恋

在高埗镇冼沙村，钻进邮局旁的小巷子，就到了黄淦林的鱼丸摊了。

提起冼沙鱼丸，黄淦林是绕不开的人，他的手艺从他的曾祖父那辈开始三代相传，在水乡无人不知，哪家有嫁娶婚宴，总要向他订鱼丸。

然而从外表上看，你绝对猜不到他已经年过七旬：浓眉，精瘦，精神矍铄，身子骨依旧硬朗，一站在案板前拿起刀，40 多年的功力和气势就显出来了。

11 月 15 日是媒体采访日，黄淦林正在展示水乡冼沙鱼丸的传统制作工艺。

只见他用两三刀便把鱼鳞刮净，然后利落地从鱼尾下刀，顺着鱼骨往上推，到鱼头位置斜切一刀，整片鱼肉就被完整地剔了出来，另一边同样操作，一气呵成。本来柔软的鱼身，在他的手下硬是服服帖帖，被毫不费力地分成了鱼肉和鱼骨，鱼肉仿佛展开双翅的蝴蝶——这种刀法叫“双飞刀”。

下一步，是去掉鱼皮和鱼腩，因为它们大部分是脂肪，搅打后不

钱钧墀　摄

会起胶，做成鱼丸不够弹牙。这样处理完，一条鱼只剩下不到一半的鱼肉能用来做洗沙鱼丸。

林记鱼丸手工作坊

在高埗镇洗沙村，林记的鱼丸无人不知。主理人黄淦林已经做了40多年鱼丸，目前是洗沙鱼丸的代表性传承人。可惜作坊不设堂食，只能自己买回去煮啦。

营业时间：周一至周日 08：30~18：00

地址：东莞市高埗镇洗沙星光路二十二巷440号

推荐：洗沙鱼丸

电话：13609680689

关键的环节来了：把鱼肉剁碎，一下一下顺时针地搅打，直到鱼肉起胶，产生黏性和弹牙感。搅打的时间没有规定，既要看鱼肉状态，也要看天气情况。天气冷或热，湿度高或低，搅的时间也不同。搅打到什么程度算可以？黄淦林一挑浓眉，说得很玄乎："看手感，我们一摸就知道了。"

如果这一步做得好，鱼丸煮熟后会从一元硬币大小膨胀至乒乓球大小，内部藏着大小不一的孔洞，吃起来弹牙、脆爽。但手工鱼丸必须新鲜时享用，一进冷冻柜，口感就会发硬，失去空气感，这也是洗沙鱼丸很难传到外地的原因。

这几年，采访黄淦林的媒体越来越多，他来者不拒，毫无保留地分享冼沙鱼丸的手艺，甚至允许他们全程录像，但即便看完也难以复制：光是“双飞刀”和“起鱼皮”这两步，就要练很久，鱼肉搅打到什么状态合适，都得靠经年累月的手感。

然而对冼沙村村民来说，鱼丸根本不用学，“从小看着就会了。我们村人人都会做鱼丸，以前每逢中秋、过年就做点儿自己吃”。如今在水乡的传统宴席上，冼沙鱼丸还是重要的压轴菜，喝过鱼丸汤，才感觉圆满了。

黄淦林做了40多年鱼丸，还承包鱼塘亲自养过鱼，他不断地感慨，现在的鱼越来越大了，一条鲮鱼能轻松过半斤。从前一条鲮鱼只有2两左右，口感细嫩，骨多肉少，所以村民便琢磨着把鱼肉打成鱼丸。剩下的部位也不浪费：鱼腩加一点儿面豉酱蒸，鱼骨拿去煲粉葛汤。长年累月地跟鱼打交道，水乡人太懂得怎样发挥鱼的最佳口感，用几条鱼就能变出一桌花样百出的菜。

采访结束后人潮散去，黄淦林默默洗干净砧板，开始处理剩下的鱼皮。他费力地把鱼皮绷紧，耐心地刮干净黏附在上面的鱼肉，直到它变得薄可透光，“鱼皮刮得够干净，才会爽口，拿来凉拌就好好吃”。

纯手工制作的冼沙鱼丸，现在已经很少见了，机器能替代大部分手工，而且速度是手工的好几倍。碰到婚宴这种一次需要上百斤鱼丸的订单，用机器起鱼骨、打鱼胶更快，能让鱼肉在尽可能新鲜的情况下完成加工。

像黄淦林这样的手艺人并不排斥机器，有时候他甚至觉得，机器做的鱼丸口感更好：手工剁的鱼丸，偶尔会吃到一两根短短的细刺，而机器搅打得更均匀，完全没有骨刺。

水乡人敬畏传统，但并不忌讳拥抱现代。

他们不能接受的是鱼丸不够真材实料。做 1 斤洗沙鱼丸，要消耗整整 5 斤鲮鱼，煮出来的汤不必放味精，本身已经足够鲜。为了降低成本，有些厂家会用淀粉代替部分鱼肉，导致鱼的鲜味寡淡，口感就不是那么回事。

黄淦林的女儿在商场里开过一家小店，试图把正宗的洗沙鱼丸推广出去。后来发现，商场虽然人流量大，但场景不对，匆匆路过的人并不会花时间驻足了解，所以这家小店营业不到两年就关了。

现在他们就在微信里接单，每天现做现寄，最远的客人甚至来自西藏、新疆。黄淦林会仔细教他们怎么煮、煮多久口感更好，这种凝结了水乡淳朴智慧的味道，终究是需要一点儿耐心才能吃懂。

钱钧墀　摄

跟鱼丸一样，水乡人的日常饮食吃得温润且精细。如果说沿海虎门人的饮食习惯是大开大合，那么跟它仅仅相距40多公里的水乡片区则是涓涓细流，饮食特色截然不同。

河鲜配碳水，是水乡人的饮食日常

水乡片区在东莞的西北部，东江北干流和南支流流过，地势平坦，河网密布，滋养出不少奇妙的小河鲜，其中最家常的大概是黄沙蚬。

新新餐厅

开在池塘旁，做的是祖传三代的村屋私房菜，全是最家常的经典水乡味道。水浸鲩鱼、黄沙蚬汤是新新餐厅几十年来的招牌菜，但很多人不知道，他们的手撕盐焗鸡也是一绝。

营业时间：周一至周日

11：30~13：30

17：00~20：30

地址：东莞市中堂镇三涌南汴旧村十六巷5号

电话：0769-88885942

想要喝一碗地道的蚬肉汤，你需要驱车前往中堂，一路穿过各种羊肠小道和池塘，来到三涌村的新新餐厅。与其说是餐厅，不如说是自家房子里的客厅，村民们坐下就像回家吃饭一般自然。

黄沙蚬的个头有指甲盖大小，外壳环绕着黄棕色螺旋纹，比常见的白贝还要小一圈，剥出来的蚬肉细如豆豉，虽然小，却浓缩了大量鲜味，人们一般会用它来滚汤或者煮饭，吃的就是一口鲜甜。

新新餐厅的菜单上有很多黄沙蚬菜式，但食客大多是奔着蚬肉汤来的。

即使是“阅汤无数”的广州人，第一次喝这碗汤也会被震住。汤色奶白，乍看像鱼汤，风味却很奇妙。闻着是浓浓的奶芋香气，本以为汤味会很温柔，然而喝起来是咸鲜中带着一丝呛辣，挥出野性的一拳。

捞一捞汤料，谜底揭晓：浓郁的芋头香气，来自晒干的芋头苗；微带发酵感的咸鲜，那是黄沙蚬和腌制的大头菜的味道；回味强烈的呛辣，则是因为放了大量胡椒。最后这些味道会被淡奶统一起来，像丝绒般柔柔地抚过舌面。从来没想过，这些完全不搭边的元素，能以这种方式被组合到一起，喝起来既新鲜又和谐。

这种水乡人熟悉的味道，在新新餐厅的菜单上其实只出现了 40 多年。据这家餐厅的少东家回忆，在他奶奶掌勺的年代，物资不够丰裕，水乡人吃的不过是水浸鲩鱼、蒸肉丸、煎蛋之类的家常菜。

喜记一品蟛蜞粥

不少人会为了这家蟛蜞粥店，专门驱车几十公里。作为一家夜宵专门店，它家香酥惹味的炸物和镬气小炒也值得一尝。

营业时间：周一至周日 18：00~02：00

地址：东莞市中堂镇南潢路 25 号

电话：13539044118

推荐菜：蟛蜞粥、椒盐蟹仔

餐厅传到他父亲手里是在 20 世纪 80 年代，经济开始发展，水乡人吃得更精细了，黄沙蚬才被写进菜单里。这种河蚬太小，去壳取肉比较麻烦，很少有人愿意花时间做，大多是买剥好的蚬肉回家，经过反复浸洗去沙。

现在，市面上做蚬肉的餐厅也越来越少，一方面是因为蚬肉处理起来麻烦，另一方面则是因为原料短缺。

自 20 世纪 90 年代开始，中堂镇工业蓬勃发展，大量纸厂林立，导致水质污染越来越严重，加之农业萎缩，河涌和稻田转为工业用地，适合黄沙蚬生存的空间越来越小。虽说如今生态环境治理使得水质有大幅度提高，但曾经黄沙蚬遍地的模样仍然没有恢复。新新餐厅现在用的黄沙蚬，来自与东莞同享一条东江的广州增城，因为它处于东江中上游，水较清澈。

另一种同样鲜美的小河鲜——蟛蜞，也面临着同样的窘况。它是一种和稻田共生的小螃蟹，对水质也很敏感，只有在水源干净、清澈的地方才能生存。

虽然本土河鲜在减少，但水乡人对鲜的追求一直延续至今。在水乡，几乎所有肉的鲜，都能融合在粥里。

从前水乡生活农务繁重，一天的辛勤工作结束后，需要吃点儿简单的碳水化合物迅速补充能量，此时，各式生滚粥就是上佳之选。

随意走在水乡小镇的街边，几乎每家小吃店都打着“道滘粥”的招牌。道滘粥其实是一个统称，其形式有点儿类似生滚粥，店家会事先熬好一锅粥底，提供多达几十种配料任你选择，即点即滚。

《寻味东莞》纪录片　摄

《寻味东莞》纪录片　摄

《寻味东莞》纪录片　摄

刘应林　摄

道滘鱼粥

这家在街坊心目中人气极高，几十张桌子永远坐满了人，靠的就是实惠、料足。每桌必点一碗鱼粥，全是即点即滚，不过10元一碗起，配料却多得让人选择困难。

营业时间：周一至周日 17：30~01：30

地址：东莞市道滘镇南城村环城路2号

推荐菜：鱼片鱼丸粥、煎焗鱼肠

电话：0769-88381832

当地人最爱的搭配莫过于肉丸和鱼片，一碗不过十几元，分量惊人，是街头实惠的早餐和夜宵。

水乡人吃粥必备"油散"，即炸粉丝，这是道滘粥跟广式生滚粥最明显的区别。大部分地方配粥的都是油条，为什么在东莞偏偏是油散？

你可能没想到，东莞水乡片区本来就是米粉大户。水乡片区盛产水稻，孕育出一个庞大的米制品体系，其中自带主角光环的除了粥，还有米粉。河网密布，意味着丰富的稻米和水资源，发达而价廉的水路交通，这些都间接促成了东莞米粉加工业的发展。

一碗加了油散的道滘粥，集合了当地最重要的两大美食符号，也是水乡人记忆里最熟悉的味道。

"老板，（我要）一碗肉丸粥，多油散！"当你学会在粥铺报菜名，就离融入本地人生活不远了。

鱼包与鱼丝面：把水乡饮食的精细演绎到极致

如果说道滘粥是水乡平民饮食的代表，那鱼包和鱼丝面，则把水乡精细化的一面演绎得淋漓尽致。

取新鲜鲮鱼肉，擀压成薄薄的面皮，切成丝，就是鱼丝面；如果将面皮分割成小片的鱼肉饺子皮，再裹上肉馅，就是一枚全肉版的豪华饺子——鱼包。

听起来很简单，实际上，做鱼包是一个相当考验技术的细致活。

首先，鲮鱼的骨刺很多，得把鱼肉从鱼骨上一点点刮下来，这个

《寻味东莞》纪录片　摄

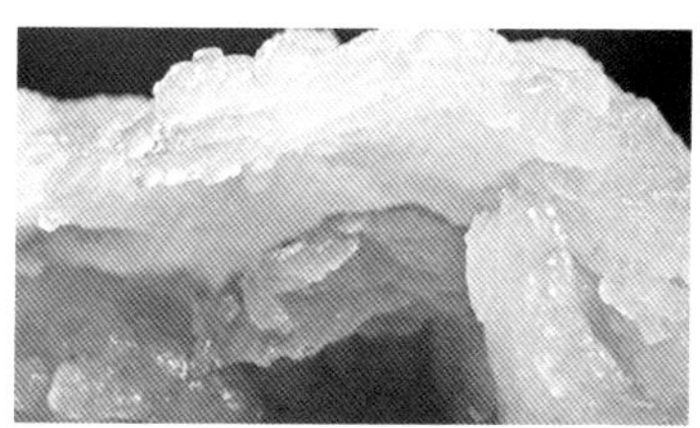

《寻味东莞》纪录片　摄

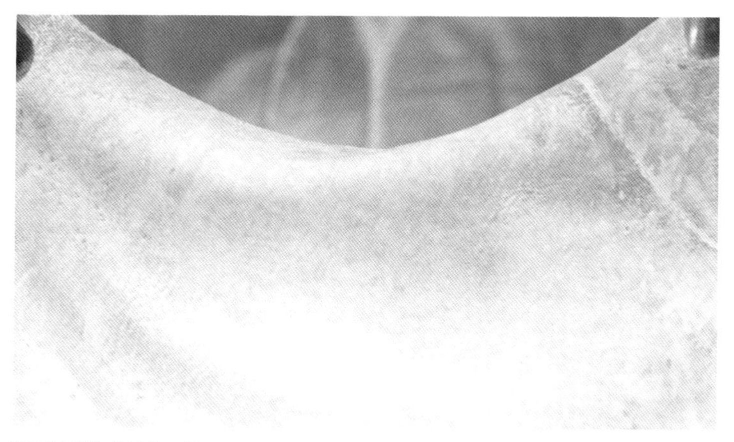

《寻味东莞》纪录片　摄

过程被称为“刮鱼青”。刮下来的鱼青就像橡皮泥，可以重塑成任意形状，但由于黏性很强，需要一边用细密的布包撒粉，一边用擀面杖小心翼翼地将鱼青擀开，直到摊成薄可透光的片状。每擀一次，都要补点儿粉，以防鱼青粘在擀面杖上。

肥萍鱼鲍[①]店（槎滘总店）

从路边摊到拥有自己的作坊，肥萍坚持手工制作鱼包已经 40 多年了。现在，身处国外的水乡人回来探亲，还会专门来这里买鱼包和鱼丝面，重温传统味道。

营业时间：周一至周日 07：00~22：00

地址：东莞市中堂镇槎滘中心路槎滘村村民委员会停车场旁

推荐：鱼包、鱼丝面

电话：13538510938

这也是为什么做鱼丝面和鱼包没法儿用机器，而是完全依赖人工，但要熟练压出薄且均匀的鱼肉饺子皮，至少得好几年的功夫。

20 世纪 80 年代，肥萍在酒楼打工挣工分，每天的工钱是两块钱，这在当时已经算不错的收入了，还有很多人只能靠耕田挣口饭吃，没有任何其他收入。那鱼包的价格是多少呢？一盒十二枚就要一块钱，相当于肥萍半天的工资，因此寻常百姓不太吃得起。

当年物资匮乏，招待贵客，端出来的无非是鸡、鱼、白切猪肚这样的家常菜，没什么花样。而一碟鱼包显得既精细又隆重，是水乡招待贵客的大菜。

《寻味东莞》纪录片　摄

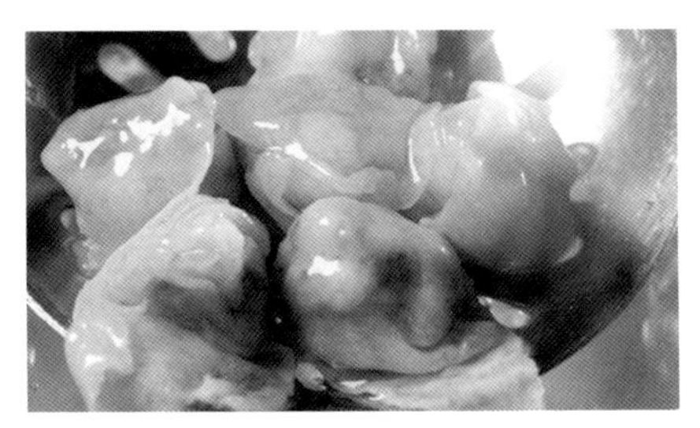

《寻味东莞》纪录片　摄

① 鱼鲍，又名鱼包。——编者注

《寻味东莞》纪录片　摄

肥萍不是科班厨师出身，只能自己看师傅做鱼包，偷偷学几招，竟也摸索出一身手艺。后来改革开放，肥萍寻思着在酒楼打工一天就挣两块钱，还不如自己试试摆摊卖鱼包。没想到鱼包很受欢迎，肥萍那时一天最多能挣六块钱，这在当年看来已经很幸福了。

后来，有些人也加入“摆摊大潮”，肥萍的生意开始下滑，她便琢磨着做一些差异化产品。那时一枚鱼包如同乒乓球般大，价格还是太高，自己在家也不容易煮。于是肥萍想到把鱼包改成小颗，大概是当时的两分硬币般的大小，正好一口一枚。鲮鱼肉做的饺子皮煮熟后在水里漾开，像是拖着长长的金鱼尾，形态极其优雅。

肥萍自此打响了名声，这个小摊一摆就是20多年，直到2007年。在做鱼包40多年，摆摊20多年后，肥萍才拥有了自己的第一家门店，终于不用再“流浪”了。现在，肥萍依然每天在店里忙活，还把做鱼包的手艺传给了儿媳妇。

不少已经移民的村民，回来探亲时会专门找她买鱼包。这些年来，她的鱼包曾卖到加拿大、新加坡、俄罗斯等地，用经典的水乡味道慰藉一批批身处异国他乡的游子。

非凡的手艺背后，是只需要60块钱，就能买到40枚鱼包的朴实无华。这里，有无数像肥萍这样勤勤恳恳的水乡人，支撑起这门手艺的传承和发展。一枚鱼包，能看出水乡人身上的勤奋、朴素与手巧，也藏着一部东莞水乡的发展史。

作者：梁瑞心

伍

石龙
因“码头”而繁华

大多数人到东莞的方式是开汽车、坐客车或坐火车。如果你选择后者，那么走出东莞站的瞬间，你就站在了东莞最小的镇——石龙镇。

石龙镇很小，即便后来扩容了两次，也只有 13.83 平方千米。再往前追溯 100 年，整个石龙镇不过 0.8 平方千米（故宫是 0.72 平方千米），却是东莞第一个被立镇，拥有第一个火车站、第一家银行和商铺的地方。

20 世纪 70 年代末，全国绝大多数地方的人还穿着绿军装、骑着自行车，这里就开始如雨后春笋般冒出西餐厅、早茶店，甚至成为整个广东的流行风尚标——对岸的香港地区流行什么，石龙镇就会早于广州、深圳流行开来。

一炮而火的豆皮鸡

你当然可以选择不出地面，埋头直接钻进东莞地铁二号线，直奔下一个目的地。但你若有两个小时的空闲，行装轻便，腹胃空荡，石龙值得你深入探访。这里即便按周长走一圈，也花不了两个小时，还因为如此奇幻的历史，孕育了不少独特的美味。

在广东这个清远鸡、湛江鸡、盐焗鸡、豉油鸡天天打架争头条的省份，石龙豆皮鸡仿佛是东莞代表团的秘密武器，孑然坐拥着属

李梦颖　摄

于自己的位置。

豆皮鸡没有玄学。它拥有白斩鸡的灵魂，但各餐厅对泡鸡的水温、香料有不同理解。热水浸泡，迅速过凉，这样“冰火两重天”不断交错，让鸡皮和鸡肉之间凝结出一层果冻般的咸鲜晶莹。制作豆皮鸡对鸡种没有特别要求，有用本地土鸡的，也有用清远鸡的，只要够新鲜、够嫩都可以。

豆皮鸡
在石龙镇，几乎每家老字号的菜单上都有豆皮鸡，滋味会根据每家厨师的不同习惯而略有区别。奇香菜馆和和庆食馆，还有开在东莞南城的小和庆都主打豆皮鸡，味道也都不错。另外，东莞老饭店、莞香楼、东海·海都、石龙小竹园等餐厅也将豆皮鸡作为招牌菜之一。

这道菜最大的特点其实在蘸料，但石龙镇的厨师没有一个愿意透露其配方。凭借自己的味蕾，我们猜测里面有花生酱、酱油和其他说不清楚的复杂用料。略带黏稠的咸鲜蘸料，有些许颗粒感，充满坚果的香气。

它不是用来蘸的，而是被浇在白斩鸡上。浇之前，鸡肉上还需要铺满一层生葱丝。

“吃的时候，一定要混合着葱丝一起吃”，石龙镇文化广播电视服务中心的丁利民老师一边示范着如何吃一边说。配一撮细葱丝，滚一把酱，把一块带着晶莹皮冻的鸡块送进嘴里，你的大脑会开始迅速分泌让你感到快乐的多巴胺。

豆皮鸡诞生于20世纪80年代，由一个名叫叶窝的男子创制。叶窝早年在香港中环著名的南唐酒家做过学徒，后来回石龙镇，成了农业机械厂的厨师。改革开放后不久，他便在这里开了一家餐厅，经过不断摸索，对白斩鸡的蘸料进行了创新，做出了最早的豆皮鸡。

已过古稀之年的本地人林叔回忆，当时这道豆皮鸡备受追捧，每天有不少莞城人会坐上近1个小时的车或骑摩托车，专门到百花路来吃豆皮鸡。1987年，广东全运会的举重项目在石龙镇举办，打破世界纪录的举重运动员何灼强在比赛之后，也被人带来这里吃饭。何灼强尝了豆皮鸡后觉得好吃，又因其打破了一项世界纪录，豆皮鸡便随着何灼强的名声，“走”出了石龙镇。

这口好滋味带动了整个百花路到中山路的餐饮店的发展，没几年，这里家家餐厅都开始制作豆皮鸡。虽说秘方不得而知，但人们还是凭借自己的味蕾，复制出了豆皮鸡的味道。

糖柚皮、中山路和百年前的喧闹

中山路是一个值得你花1个小时仔细品味的地方。

这是两排长1 435米、宽16米的骑楼，充斥着历史曾在这里驻足的痕迹。得先解释一下骑楼：不是任何地方都拥有这种独特的建筑群，它几乎只在沿江、沿海的侨乡地区出现，专门为做生意而发明。全国至今拥有完整骑楼的城镇并不多，石龙镇是其中之一。

骑楼是一个外走廊式建筑群落，一楼临街的是行人走廊，走廊正上方便是可以遮风避雨的二楼楼底。乍一看，二楼仿佛“骑”在一楼之上，所以叫“骑楼”。对于那时的商人来说，骑楼是做生意的不二之选，一楼卖东西，二楼住人，楼纵深够长的还可以做到前店后厂，来个“商、住、产一体化”。走廊既防雨又防晒，还能搭建橱窗招揽生意，简直完美！

石龙镇不仅有前店后厂的便利，还临着一条可以直接将原材料送入工厂、库房的东江。大量的商品可以从骑楼后方的码头直接托运进自家仓库。这也解释了石龙镇为什么可以如此辉煌：做生意讲究的是节约成本，石龙镇天生的地理优势，让做生意变得更轻松高效。

1911 年，广九铁路在石龙镇设站，来这里的人便更多了。做生意的、搞批发的、买东西的，外国人、本地人、香港地区的人，如同一幅和谐的画，随处可见。走在中山路上，你可以看见卖米卖糖的、卖衣服竹织的、卖钟表大鼓的，也有金楼当铺，甚至本镇的医院也建在这条街上。总之一座城市的所有需求，这条 1 500 米不到的街巷统统可以满足。

其中一家叫“李全和”的店铺，专门生产石龙镇另一个值得好好说道的滋味。

李全和食品专卖店

可以去实体店购买，也可以通过搜索微店“李全和麦芽糖食品专卖店”下单购买

营业时间：周一至周日
08：00~18：00

老店地址：东莞石龙镇老城区中山中路 112 号

新店地址：东莞石龙镇裕兴路聚华豪庭B31 号铺

电话：0769-86611169

特色产品：传统柚皮糖、传统麦芽糖、基于柚皮糖的一系列创新糖果

即便在今天，当你在东莞任何地方问本地人石龙镇有什么特色时，“麦芽糖和糖柚皮”仍会是统一答案，而李全和，便是促成这个答案的重要人物。

最早做麦芽糖的都是惠州人，他们自己发麦芽，用糯米做主要原料。然而惠州做生意的条件和氛围相较于石龙镇还是差了一点儿，很多人便携家带口来石龙镇扎根。李全和便是其中之一。

那是个吃糖意味着富足的年代，麦芽糖是一种高级货。家人、朋友生病住院了，亲友通常会来中山路买上些麦芽糖，当作探望的礼物。曾几何时，这条街上有6家专门做麦芽糖生意的，李全和店铺算是做得最大的。

但要说糖柚皮，则是李全和自己的创意。柚子在老广东人眼中具有通肠润便和清肺的功效，再加上获取成本低廉，日常熬制麦芽糖的时候加一些进去，做出的糖柚皮不仅价格便宜，而且好吃，可以打开更多普通老百姓的销售渠道，尤其是喜欢甜食的孩子。

钱钧墀　摄

叶瑞和　摄

如今已经是李全和第四代掌门人女婿的黄志伟是吃糖柚皮长大的。“那时候哪有钱吃糖，唯一甜的零食就是麦芽糖或糖柚皮。麦芽糖吃起来不方便，家里大人们就会备一些糖柚皮在家里。我们小时候陪大人去拜访亲友，表现好就会得到一个糖柚皮，过年过节家里也一定会备上。”

李全和老店如今仍然在中山路的老骑楼里，保留了前店后厂的模式。走上二楼后厂的阳台，你才能真正领悟到当时石龙镇的繁华：骑楼的正后方就是宽阔的东江，沿岸数个码头有序地隔开。虽说如今直通江边的路被一个大坝挡着，但当年人山人海，全是搬运、卸货工人的场景依然可想象一二。平行于东江，坐落在它正后方的就是铁路铁轨。一个个巨大的集装箱停靠在东江边上，正等待被火车拉去俄罗斯。

黄志伟说，以前上游其他地方顺流而下的运大米和木材的货船会恰好停在店铺正后方的码头。我们的糯米用量巨大，家里工人会直接把成吨的糯米运进仓库，全程也就十来分钟。

“而且李全和那时候很有远见，申请了出口资格，所以人米从码头直接上岸，然后做出的成品从这里直接运出去销往中国香港、马来西亚甚至更远的地方。所有流程都在这里完成，真的非常方便。”

今天的中山路满是故事，还有历史在这里走过的痕迹。东莞过去30多年的快速发展，走的是另一条“世界工厂”的道路。石龙镇因为地小人少，虽说富起来得早，却在时间的飞驰里渐渐褪去了繁华。

若你想感受石龙镇今天的精彩，还得从中山路往南走一两条街，到绿化路和兴龙路。

咸姜水、兴龙路和20世纪80年代的繁华

“这里家家户户都会自己做咸姜水喝啦。”说话的是叶庆杨，石龙本地的一名厨师。

《寻味东莞》中对咸姜水是这么描述的：“很少有人数得清（制作咸姜水）所用食材的种类：30度米酒、酒酿，还有猪肝、煎蛋，甚至黄酒、鲜奶，看似脑洞清奇的复杂搭配，由姜统领大局……普通一锅要放6斤姜，甚至很多东莞人，都未必体验过这份酣畅淋漓。”

咸姜水

石龙镇本地人最认可的咸姜水还是翡翠宫出品的。来到翡翠宫，几乎每张桌子上的人都会点咸姜水。别的老字号餐厅也有咸姜水卖，但配料会因餐厅不同而有所变化。

味道的确非常奇妙。第一口下去，最先感受到的是浓郁的老姜滋味。那感觉，仿佛姜中所有辛辣都被激发出来，汇聚成一股激烈的热流，从眼、鼻、舌、喉中倾泻而下，激活五脏六腑。入嘴后，是米酒独有的酒香回甘，混合着老鸡汤的浓郁油脂。各种蛋白质食材自带的鲜被彻底融入汤中，咸味不是主角，

辛辣回甘外加荤腥脂香才是。

倘若你从没有在岭南或沿海生活过，这滋味绝对会是你人生中味蕾感受的一个新里程碑。

和庆食馆

营业时间：周一至周日

11：00~14：30

17：00~21：00

地址：东莞市石龙镇绿化西路大华名店城 201 号

电话：0769－86629918

叶庆杨今年 51 岁（截至 2020 年），入行 35 年，父亲就是厨师，如今儿子也是，他们一家三代共同见证了石龙镇餐饮行业曾经最兴盛的年代。

16 岁那年，因为父亲的关系，他来到著名的石龙酒店做学徒，第一份工是学做点心。那是 20 世纪 80 年代中期，酒店已经有了类似瑞士卷的西点。他还记得后厨用铁丝自制打蛋器打发蛋白的过程："至少需要一个小时，全靠手工打发，左手累了换右手，我累了换同事。"虽然辛苦，做出的瑞士卷却是当时石龙镇最时髦的单品，用如今的话讲就是"网红爆款"。

翡翠宫西餐酒廊（聚豪华庭店）

新店地址：东莞市石龙镇新裕兴路聚豪华庭商铺 B22~27 号

营业时间：周一至周日

10：00~22：30

地址：东莞市石龙镇兴龙中路 76 号

电话：0769-86618188

推荐菜品：咸姜水、香芋柚皮炖蛋、果木烤牛扒

他的好友兼儿时邻居，翡翠宫的女老板袁静筠，也是在那个时候对西餐产生了兴趣。

今天的袁静筠在本地小有名气，但在 20 世纪 80 年代中期，她只是一个在制药厂工作的女孩。

她还记得那是 1983 年前后，石龙作为东莞重要的交通枢纽，迎来了中华人民共和国成立后的第一次快速发展。绿化路和兴龙路从农田变成马路，西餐厅、茶餐厅如雨后春笋般迅速冒出。

李梦颖　摄

《寻味东莞》纪录片　摄

因为父母带她在老街和平路——她记忆中第一间港式茶餐厅就在这里——吃过饭，袁静筠很早就接触过好立克、西多士、奶茶和咖啡，所以这两条新马路上不断冒出的西餐厅让她感到熟悉和快乐，“我印象最深的就是 1986 年，那时候我刚开始谈恋爱，男朋友穿着双拖鞋，坐立不安地在雷蒙娜西餐酒廊里面等我。见到我从窗前走过，他赶忙出来追我，连拖鞋都掉了一只”。袁静筠眼角弯弯的笑，至今都带着少女才有的纯真。

石龙小竹园菜馆

营业时间：周一至周日

11：00~14：00

16：30~02：00

地址：东莞市石龙镇昌平路 113 号

电话：0769-86889888

推荐菜品：豆皮鸡、鸡子咸姜水、黄金豆腐、无骨猪手

20 世纪 80 年代的西餐厅在石龙是“高档奢华”的代名词，复古的装修、木质的主色调和暗黄的灯光，吸引着新潮或富足的男男女女。那时普通白领的月工资也就 100 多块钱，一份雷蒙娜的午餐套餐却要 18 块钱。

带着这份独属于青春的记忆，袁静筠在 20 世纪 90 年代中期开了自己人生中的第一家西餐厅，幼时邻居叶庆杨也在那时开了自己的大排档。

他们都把餐厅选在了绿化路和兴龙路一带，她给餐厅取名为翡翠宫，他则把餐厅取名为石龙小竹园，最早都是专做自己最熟悉的滋味，她做西餐，他做粤菜，后来都慢慢融入其他影响自己的味道。

咸姜水也是在这里，从石龙镇的家庭滋味，变成当地餐厅不可或缺的名菜。

“其实一直以来咸姜水都是在家里面自己做，给坐月子的女性喝的，”袁静筠说道，“而我家则是我婆婆做给我喝的。她对我特别好，我生了 3 个孩子，每次坐月子，她都会顿顿亲手给我做好吃的，尤其是咸姜水——她自己酿酒，用料都是最新鲜丰富的，真的好好味。”

自觉无以回报婆婆如此无私的奉献，袁静筠便把她的咸姜水搬上了菜单，并手把手教会厨师复制婆婆做出的滋味，“我有餐厅嘛，至少我可以做的，是让更多人尝到她那种充满爱的滋味”。

翡翠宫的咸姜水，从口味上来说跟石龙小竹园的截然不同。这里的咸姜水更像一位成熟却不失妩媚的女性，姜味更柔和，如同袁

郑家雄　摄

静筠本人温柔而开朗的性格。

今天的石龙

今天的石龙镇有着一种安静的气质。

回望过去百年，从 1911 年广九铁路在此落户，到 1978 年改革开放，这里浮浮沉沉，接纳过一批又一批新人，也护送了一拨又一拨产业。

翻开石龙小竹园、翡翠宫或奇香菜馆的菜单，你既可以看见咸姜水、豆皮鸡，也可以看见西多士、牛仔骨，甚至沸腾鱼和麻辣鸭血也在 2020 年加入了菜单，满足更多从外地来石龙打工人的味蕾。

坐在石龙镇任何一家餐厅里的，可能是吃了 20 多年，从恋爱到生子，每个重要的日子都在这里度过的中年人；也可能是上个月刚刚从四川来到这里，准备开启人生新篇章的年轻人。无论是谁，都能在店里找到最满足自己味蕾的滋味。

奇香菜馆

营业时间：周一至周日

09：00~14：30

16：30~21：00

地址：东莞市石龙镇老城区中山西路 124、126 号

电话：0769-86613532

推荐菜品：奇香鸡、黄金豆腐、脆皮猪手

袁静筠最新的创意，是将东莞人喜欢吃的蛋挞和芋泥相结合，以及“李全和”家糖柚皮的甜品。她觉得自己有义务帮助石龙镇更好地宣传自己的传统饮食文化。

看着那碗结合了西式甜点、广式糖水、石龙传统和石龙人那不断追求创新的点心，你会明白支撑起石龙内核的魅力。

作者：梅姗姗

《寻味东莞》纪录片　摄

《寻味东莞》纪录片　摄

4 欢宴流转

东莞，传统和现代，在这里交融。人群聚散，带来滋味流转。食物的密码跟随人类的脚步，碰撞更迭，从历史深处，一路走到今天。

客家人：

东莞最早的移民

接近半数的东莞镇街里居住着客家人。

百年以前，作为第一批落脚的东莞人，他们从各地迁徙而来，携老带幼，蒙霜披露，披荆斩棘，在这片中国南方离海最近的山区筑居。

百年以后，客家人的碌鹅、艾粄、咸菜焖猪肉成了东莞人平日餐饮里的常见菜式。

客家人组成了一个具有强烈自我意识的客家体系社会，虽然他们在宗族文化与语言习惯上会恪守传统，但日常起居饮食也乐于和当地文化相融。从樟木头镇一路到清溪镇、凤岗镇等客家镇，在人们热情开放的餐桌上，你总能吃出一份独有的莞式客家人的豁达。

历经多番流转、迁徙的客家人，和族人早已分散走失在广东的不同山区，尽管今日乡音大致还是相融相通的，但一句“汝食哩么”（你吃饭了吗）在东莞有着丰富多彩的新滋味。

地道东莞客家菜，
都在这些镇上

东莞32个镇区（街道）里，接近半数是客家人的聚居地，因此也根据不同区域饮食文化衍生出自成一派的客家菜。到以下这些镇（街），都能轻易找到地道客家菜。

纯客家人：樟木头镇

大部分客家人（客家人占80%以上）：清溪镇、凤岗镇

约半数客家人：大岭山镇、塘厦镇、黄江镇、谢岗镇

少部分客家人：莞城街道、东城街道、南城街道、虎门街道、厚街街道

一方水土
一方鹅

东莞人爱吃鹅，但山脚下的东莞客家人不用荔枝柴烧鹅，他们对鹅的烹饪处理有着一套自己的方法。

首先，他们“藏鹅”。

这是东莞清溪镇客家人的独特习俗，藏鹅这一习俗延续至今已经有好几百年的历史。过去客家人的面子主要在于“够不够勤劳”，快过年时，客家人喜欢拿出很多粮食把自家的鹅喂得肥肥胖胖的，和邻居家的作比较，以谁家的鹅比较肥胖来显示主人的勤劳和能干。

如今清溪人大多过得殷实，藏鹅的习惯却保留了下来。藏鹅，“藏”起来的是对家族的美食关照，也是为家人“藏”起来最好吃的一口。刚买回来的草鹅大多是吃饲料长大的，不用谷子、玉米喂养十天半个月的话，吃起来没那么香，口感也没那么好。因此过年时，家家户户都会用藏在“木柜”[①]里的肥鹅为家人精心烹饪客家碌鹅，图一份“肥鹅过肥年”的好彩头。

通常只有达到8~9斤，且养了100天以上的鲜活草鹅才有资格被选为客家碌鹅。过重的鹅，肉质过于粗糙，没有鲜嫩的口感；过轻的鹅，肉在烹饪过程中容易失去油分、水分，肉质则不够香润。

“碌”也是客家人的独门技艺，在客家话里代表翻动烫滚的动作。把葱、姜、蒜在大油锅中爆香后，涂满腌料的大鹅就会被抓着在锅里和酱汁一起“碌”，整个“碌”的过程大概需要一个小时。整只鹅的外表均匀受热，内部的酱料填满每个角落，直到鹅身翻滚至酱黑中带有金黄色泽，酱汁和鹅香相融，此时鹅肉香滑，酱味

① 客家人家里会用木钉围一个类似栅栏的东西，但因为是实木栏，所以更像一个没有盖的木柜。

李梦颖　摄

香浓，便大功告成。

每家人的手艺、工序和爱好不同，调味也各有千秋。有人喜欢用豆豉、柱侯酱增味，有人在鹅肉斩件装盘时用咸菜或芋头垫底，无论哪家的做法都会把鹅做得肥美可口。当然，勤劳持家的客家妈妈并不会这么简单地就放过一只好鹅。

在凤岗镇和樟木头镇，烫煮鹅肉时留下的那锅鹅汤，会再和鹅杂共煮，加入虾米、冬菇、瘦肉等配料，做出一大锅具有客家特色的汤煮糯米面食——刀麻切——黏米粉和面粉按比例和好后，用木棍将面擀压成形，然后用刀切成条状，放入鲜美汤底和大量配料一起煮，口感像东莞本土的美食“咸面”，但那锅用家养大鹅熬煮的汤底提高了鲜香味的标准。

清溪镇一带的客家妈妈，更喜欢用碌鹅的油脂，做一大锅鹅汤粄。鹅汤粄也称鹅油粄，就是用鹅油做的客家发糕，通常春节前后才能吃到。客家妇女先把黏米粉搓好，然后放入发酵粉进行发酵，发酵完成后，加入虾米、腊肉、腊肠、木耳、鹅油等，搅拌均匀后再放入小碗里蒸 20 分钟即可。

鹅汤粄可直接吃，也有人把它切成小块，放进平底锅里煎一小会儿，再放入少许酱油或鹅汁翻炒，使其外脆内软，而爽口浓香的配料构成最强滋味组合，成为让清溪客家年轻人最为记挂的一道家乡主食。

入乡随甜

客家人为了躲避战乱从中原腹地逐渐迁徙到南方山区，盐是客家人保存食物的最好办法。

的确，人们对客家菜的印象往往是咸。而东莞的客家菜，却多了一口甜。

东莞盛产甘蔗，老客家人说，这是富裕“鱼米之乡”的特色。当年那些与东莞擦肩而过、去了其他山区的客家人，因环境恶劣，常常将有限的土地用来种植粮食作物，甘蔗这种“锦上添花”的农作物，在大部分客家人的聚居区是不会见到的。但东莞的客家厨房，却占着物产丰厚，因地制宜地，多放了一罐“富贵”糖。

“加糖能提味、提亮，我做什么菜都放一点儿糖。为什么不呢？”在清溪镇开了 30 多年餐馆的传统客家人张叔恩，并没有主打传统客家菜，但东莞附近的客家人都能在他的餐桌上吃出一种舒爽而有认同感的客家味道。

他在咸菜扣肉里放入当地产的糖，用稻田里的小虾来炒葱香芋头粄，把客家菜的精髓和东莞区域的特色味道悄然无声地连接在一起。香港、深圳往来的客人都对老张的客家菜赞不绝口，但很少有人知道，其实他在每道菜里，都加了一份“东莞甜”。

在清溪镇开舞麒麟馆的黄鹤林师傅，门下十几个徒弟每次出去表演完舞麒麟，家中都会摆桌鱼肉丰盛的宴席犒劳弟兄们。客家厨师甚至认为“无鸡不清，无肉不鲜，无鹅不美，无鸭不香，无肘不浓”，他们对如何烹饪鸡、鸭、鹅，也有独到之处。东莞黄家后厨里，除了必备的碌鹅和药材鸡汤，客家焖羊肉也是必备菜式，羊挑的是果园里养的小羊，配料里会加入切成小段的甘蔗、胡萝卜，祛除羊肉的多余油脂，还能用鲜甜激发出更多羊肉的鲜香，而用甘蔗焖煮出来的羊肉味道浓郁而不膻，是老少咸宜、咸甜适中的暖身菜。

受甘蔗的庇佑，东莞客家人日常食物中的糖分和盐分差不多一样重要。

基因里的客家密码

几百年间，东莞客家人和隔着重重大山、几百公里外其他区域的客家人，虽从未见面交流，但依旧保持着同样的饮食习惯。在客家人聚居的地方，家家户户藏着几大缸客家娘酒（也叫黄酒），酒楼菜单上显眼处的客家酿豆腐、梅菜扣肉、咸菜炒猪大肠，街头糕点店里一字排开的艾粄、萝卜粄、仙人粄，无不宣示着这群中原“异乡客”基因中依旧顽强携带的客家情感。

据说在客家话中，豆腐寓意“头富”，发粄寓意“发财”，猪肠寓意“长久”，无论山高水远和迁徙地的饮食文化如何融合、进化，这几样食物都顽强坚守在客家的饮食文化体系里。

怡香食府

营业时间：周一至周日

11：00~14：00

17：00~21：00

地址：东莞市清溪镇鹿鸣路清溪文化广场旁

电话：0769-87365922

推荐菜：咸菜炒猪大肠、酿山水豆腐、焖老鹅其中客家酿豆腐是岭南饮食文化与中原饮食文化融合的集中体现。岭南的土地不宜种植小麦，所以原籍中原的客家人南迁以后基本上和面粉无缘。相传过年时，处于深山腹地的客家人因无法再吃到饺子，想到就地取材，以盐卤豆腐做面皮，把肉馅嵌入豆腐中央再蒸熟，用这样的“酿豆腐”代替饺子。

百果园农庄

地址：东莞市樟木头镇莞樟东路 356 号

电话：0769-87121999

去之前记得打电话，先确认老板当日是否开门。

推荐菜单：陈皮焖鹅、脆皮烧肉、传统客家菜

客家人喜欢的各种粄食也和他们的面粉情结有关，在没有面粉的漫长岁月里，客家人越来越擅长用稻米粉、糯米粉或者木薯粉，加入当地食材制作各种各样的粄食。

清溪镇、樟木头镇倚靠的山地极其适合瓜果蔬菜生长，当地客家粄融于芋头和萝卜；谢岗镇、凤岗镇一带的客家人在大山里寻回能挤出绿色汁液的艾草，做出亮绿的艾粄。从清明到除夕，花样繁多的粄食伴随着客家人走过每一个四季，粄食被东莞客家人赋予了不同的味道和意义，归根结底也让客家饮食基因在不同的土地上代代流传。

除了酿豆腐和酿粄，客家妈妈大多还有酿酒的手艺。客家娘酒有道全世界独一无二的工序——火炙，将娘酒从酒糟中过滤出来后，加入温脾暖胃的红曲，用草皮封好，埋入燃有暗火的火堆中炙上好几个小时，使酒质更加醇厚、清香、甜美，算是客家长辈对婚育妇女的传统关爱仪式。在日常饮食习惯中，客家人也会把珍藏的娘酒拿来与母鸡共炖，可于寒气侵袭山区之时，趁热食用。

钱钧墀　摄

清溪镇老客家人回忆说，小时候村里每位妈妈都会为家中儿媳酿上大缸的娘酒，所以，她们从小会帮妈妈洗糯米、浸泡、蒸煮、入缸发酵……耳濡目染下，酿娘酒成了心灵手巧的客家妇女心照不宣的家传技艺。

经营客家餐厅 30 多年的张叔恩说，即使他知道使用客家娘酒可以轻易做出像黄酒炖鸡那样滋味迷人的菜肴，但他极少在自己的菜肴里加入客家娘酒。每年店里几千斤手工酿造的娘酒往往还不够卖给坐月子的人，而不将娘酒加入菜肴，更多的是他还坚持，娘酒是婆婆对儿媳妇和下一代女性的一种关爱传承，不应该被滥喝滥用。

当我们今日在东莞聊起客家娘酒，吃到客家咸菜，嘴里塞满可甜可咸的各种粄，都是在接受着客家人善于在不同环境中坚韧求存的饮食智慧。这份香甜咸口、质朴勤劳的客家味道，有所坚持，有所寄望，不争不抢，隐隐生辉，是东莞风味里的重要组成部分。

作者：何斯乐

东莞的
台湾人和“台湾街”

厚街镇“台湾街”，藏着东莞和台湾商人的二三事

如果用3个词描述台湾地区或台湾地区的美食，大部分人可能会说：“软糯的闽南语、卤肉饭、蚵仔煎。”

描述一个地方的人有着怎样的个性和饮食偏好，当然没有标准答案。但一般接触面越广，接触时间越长，答案会越丰富。

在东莞厚街镇，关于台湾的答案有很多，而他们也创造了给东莞的答案。比如，在田间山地开起工厂，促使厚街镇成为“世界鞋业之都”；让台湾餐馆遍布3公里街道，最辉煌时无人不晓厚街有“小台北”的称号。

每当夜幕降临，厚街镇的康乐南路和珊瑚路，霓虹灯异常璀璨，台湾方言的乡音在空中弥漫，每隔几十米就有一家台湾餐馆：猪脚林、高雄米糕、台湾肉粽、刨冰、臭豆腐、蚵仔煎……看着遍布大街小巷的繁体字，“就好像来到台北一样”。

“就好像来到台北一样”

时光回到2003年，“台湾街”最热闹的时候，即便在工作日，你想去那里的台湾餐厅吃饭，直接推门落座也是不可能的，因为餐厅的位置早已被提前订完。

其时63岁的郭正津是厚街镇乔鸿鞋业和东莞广桦泡棉有限公司的

老板，也是第一批抵达东莞的老台商之一。吃遍了整条“台湾街”的他，还是喜欢在周五晚上轻车熟路地走进“老妈私房菜”。一道梅菜莲子肉，是他惦记了整整一周的美味。薄薄的五花肉片卷着新鲜的莲子，底下垫着炒香的梅干菜，比起店里的特色菜老妈卤肉，口味要清淡不少。

满庭香

开业20年，厚街人心中的“宝藏台湾小餐馆”，像是接过了上一代台湾餐厅的使命，满庭香和勇伯米粉汤分布在“台湾街”两端，用地道台湾风味留住一方味蕾。肉臊饭、台中肉圆、筒仔米糕、草仔粿都是地地道道的，要想来点儿“刺激”的，可以试试切片生蒜配香肠。菜品极其丰富，上菜速度快，人均30元就能吃到扶墙走。

营业时间：周一至周日10：30~21：00

地点：东莞市厚街镇康乐南路新市场南3号（靠近华润商场）

电话：0769-85915882

友情提示：点菜时跟老板聊聊天吧，他会推荐合适的菜品。

那会儿的台资工厂大多采用军事化管理模式，周一到周五是封闭管理，直到周末，工人才放假休息。郭正津虽然身为老板，但也习惯了加班到晚上9点，“赚钱很辛苦，就想吃些家乡味弥补一下”。他说的“家乡”，既指宝岛台湾，也指自己的老家福建。郭正津在台北出生、长大，父辈喜爱的客家菜，漂洋过海到了宝岛，又成为他在东莞打拼时的乡愁味道。

循着梅干菜香味从珊瑚路拐进一条小巷，供应正宗台中小吃的“满庭香”，也忙得不可开交。满庭香的第二代老板张明杰来到大陆的第一周，心里只有一个念头：“我要回台湾！”但眼下，这位帮着点单、传菜的台湾小伙儿，已经开始适应在东莞经营台湾餐馆的生活。

肉臊饭、台中肉圆、筒仔米糕、草仔粿，这几样是地地道道的台湾人必点的古早小吃。肥瘦相间的卤制肉丁上，一半是油豆腐，一半铺着笋干。几乎每个客人的桌上，都摆着这样一碗肉臊饭。所谓肉臊饭其实是台湾南北差异融合后的念法，台湾北部的人叫它“卤肉”，南部人则称之为“肉臊”。小小一碗肉臊饭，吃下后三分饱，还能来

《寻味东莞》纪录片　摄

《寻味东莞》纪录片　摄

几样小吃解馋。

如果说一碗肉臊饭的细微差别还可以忽略不计，那店里的台中肉圆就更对台北人的口味了。台湾肉圆大多是“南蒸北炸”，制作工序繁杂，做法不一而足。

满庭香店中的肉圆，馅料有笋丁、香菇、红葱和猪肉 4 种，外皮由地瓜粉、泰山粉（中筋面粉）和米粉按比例混合。肉圆蒸过之后等顾客点餐后再下油锅，油七分满，低温小火慢炸，待客人需要时捞起。最后在肉圆表皮划一道小口，轻压，淋上海山酱、米浆、酱油和辣椒。一碟用心程度肉眼可见的夜市小吃，这才得以上桌。

张明杰的妈妈是店里数十样菜品的研发者。早几年，张妈妈夫妻俩跟随亲戚朋友来到台资工厂当管理人员，因为不适应工厂里的工作节奏，决定辞职去开一家台湾小吃店。食谱都是从台湾搜罗回来的，厨艺也是跟台湾有名的餐馆“现学”。

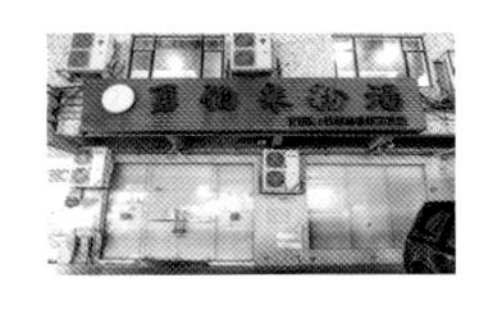

勇伯米粉汤

老板不叫勇伯，店名出自老板旧时非常喜欢的布袋戏《大儒侠史艳文》，“勇伯”在戏中正是一名卖米粉汤的武林高手。米粉汤、卤肉饭、炸香肠、花枝丸、煎蚵仔连，这几样经过了大陆和台湾肠胃的双重认证，初次尝试者，点来不会出错。台湾菜有“南甜北咸”之说，勇伯米粉汤属台中偏南的口味，整体比满庭香要清淡些。

营业时间：周一至周日 10：00~21：00

地点：东莞市厚街镇永泰路 2—3 号（靠近珊瑚路）

电话：0769-85035722

友情提示：可以在纸质菜单任意勾选，可别点过头哦。

“在台湾，卖这些小吃的店基本五步一家，能生存下来的都是佼佼者，没有人有兴趣教我们。我们就挑中认可的店，一家一家去吃。”跟着父母学习经营的张明杰，慢慢继承父母想要在异乡经营一家“百年老店”的初心。

3 年后，珊瑚路旁边的永泰路，开起一家偏台湾南部口味的“勇伯米粉汤”。张明杰吃腻了自家饭菜的时候，会步行 1 000 多米去那里吃一碗招牌米粉汤。护心肉软嫩适口，米粉爽滑有嚼劲，芹菜粒和生葱段里还裹着些许客家油葱酥，而清澈的汤底一入口就氤氲出甘醇浓郁。店里的蚵仔连也是必点菜，这道食材只有新鲜蚵仔加上地瓜粉的台湾小吃，蘸点芥辣酱油，闭眼放入口中，就好像瞬间回到那个熟悉的台湾夜市。

最兴旺的时候，“台湾街”上有 40 多家台湾餐馆，就这样用来自台中、台南、台北各个地区的地道美食，慰藉着在厚街镇打拼的台胞。这些经营者中有

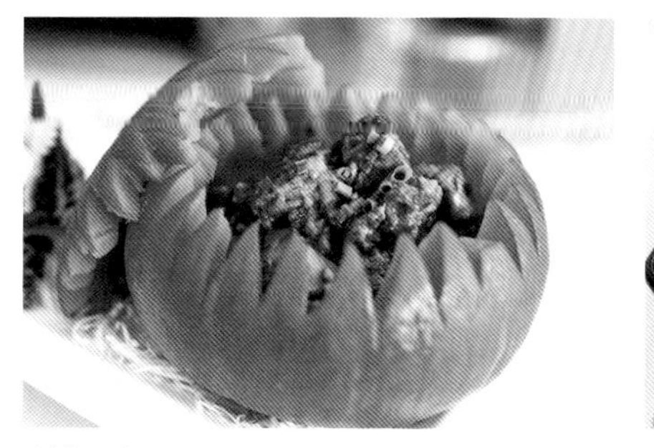

李梦颖 摄

李梦颖 摄

从台湾被大陆开厂的亲戚朋友怂恿而来的，有像满庭香一代那样辞职的“台干”，甚至是从工厂出来找不到工作的“台流”，也能在“台湾街”找到落脚点。

那些在台湾寻常街巷中支起小摊就能卖的路边小吃，来到大陆扎根成店，会聚成“台湾街”上安定的家乡景象。

在郭正津的记忆中，厚街镇的台湾人多了，台湾小吃就跟着来了。为什么是珠三角东岸的东莞、东莞西南部的厚街镇，吸引了他们?

故事要从 40 年前说起。

为什么是东莞？为什么是厚街镇？

改革开放后，东莞这个地方，成了块风水宝地。上有省会广州，下有外销产品“一口出关”的深圳。深圳土地资源有限，不愿承载过多“三来一补”加工企业。旁边的东莞就显现出其土地价值。对于劳动密集型产业来说，工厂选址越靠近深圳（例如长安镇、塘厦镇、虎门镇等南部镇街），就越快出关，就越吃香。

在东莞打拼了 30 多年，郭正津回想起台企往事，仍然有许多故事要讲。

1984年，台湾当局颁布相关法律，劳动力成本上升，台湾企业产生了外迁的想法。1987年，台湾当局准许台湾人赴大陆探亲。一年后，新台币在国际市场上大幅升值，以外向型企业为主的台湾经济承受不住打击，工厂纷纷向外迁移。

在这期间，担任台湾制鞋工业同业公会干部的郭正津，带着台湾鞋业迁移的目的，从福建沿海一路考察到广东。100多家鞋厂，外加大量皮革、橡胶、塑料、纺织、五金等相关配套工厂，等着他从大陆传来好消息。

位于虎门之上的厚街镇，位于东莞通往深圳的道路之侧，土地资源相对充裕，是一个好的安身之处。1993年前后，台湾制鞋工业同业公会的企业大批涌入厚街镇。

虽然东莞并非台商抵达大陆的首站，但厚街镇是台商抵达东莞的首站。

有学者总结，台湾人做生意，四分看成本，三分看生产链，陪同客户进入大陆，成为第二位的投资目的。所以当台企大量进入东莞时，它们会出现“行业与企业在某个特定空间集聚的趋向”，比如家具业集中在大岭山镇，制鞋业集中于厚街镇，IT（科技）产业集中于石碣镇、清溪镇等。

制鞋业所需要的原料与材质种类繁多，涉及多项制品的加工，而以中小企业为主的台湾制鞋业不可能由自身提供所有的原料。鞋厂与数量几乎对等的配套厂家彼此配合，就织成了一张巨大的产业网。数不清的台商和“台干”，用人气为厚街积累起台湾氛围。厚街镇台商分会秘书长刘门阁回想起当时的厚街镇，说保守估计有上万台湾人。

而他们休闲娱乐的地方，就是“台湾街”。

新故事上演

走在如今的康乐南路和珊瑚路上，仅凭招牌已经很难判断哪一家是台湾人开的店。铺租最贵的康乐南路，售货员小姐站在店门口招揽生意，偶尔路过几家，播放的背景音乐还是台湾早期的流行歌曲。

“那一家是台湾人开的杂货店，可以预订台湾当季水果，还有台湾老板在里面做槟榔……这家就是我刚刚跟你们说的台北上宝涮涮锅，2000 年就开在这里了。”只有在这里生活了将近 20 年的张明杰，还可以凭借记忆娓娓道来。珊瑚路上有很多沙县小吃、四川卤水、广西肠粉和湘菜馆子，张明杰如数家珍地教我们分辨这些台湾店铺。在他看来，这些台胞跟他一样，早已把东莞当作自己的第二故乡。

走着走着，他把刚刚在店里说过的话又重复了一遍，“做餐饮很辛苦，这么多年熬到现在，是因为有一种没办法割舍的感情在里面”。这种感情没有牵扯太多文化认同上的纠葛，落在普通市民身上，不过是青年时期在东莞打拼，而立之年和四川太太结婚，带小女儿回台湾地区探亲，探完亲继续在大陆经营一家小店。

“台湾街”上的台湾人减少之后，张明杰把店里的调味料按两种口味备上。醋，分口味淡一点儿的台湾乌醋和口味冲一点儿的山西陈醋；辣椒酱有台中人最宝贝的东泉牌辣椒酱，也有以剁椒为主、满足“嗜辣一族”的特制辣椒油，后者的研发离不开张明杰的四川太太。

步行到珊瑚路和永泰路交叉口，街边出现一排奶茶雪糕店，仔细一看，原来厚街中学就开在这里。张明杰想起自家的宝贝，跟我们说其实现在越来越多第三代台商选择在大陆学校念书。中堂镇

李梦颖　摄

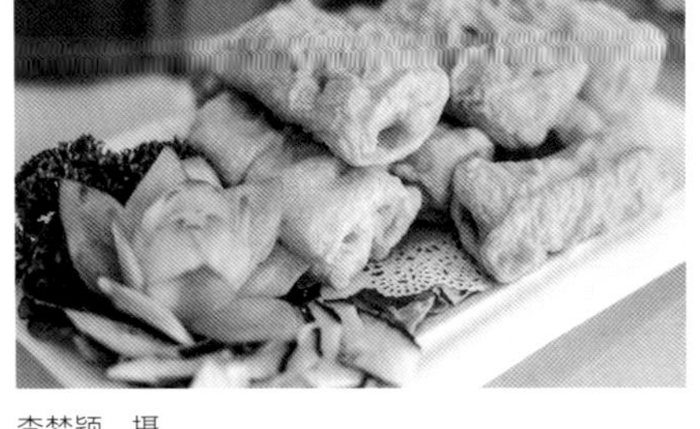
李梦颖　摄

潢涌村的台商子弟学校，已经不是台商子女的必选项。一方面，大陆的教学水平跟20年前完全不一样；另一方面，和大陆的孩子一样接受大陆的教育，更有利于他们融入这里的生活，在东莞扎根。

再往左转，走入勇伯米粉汤所在的永泰路，你会发现其实“台湾街”并没有消失。在铺租更为亲民的珊瑚路旁，你能看到好运来台湾槟榔、小美牛排、台湾中坜牛肉面、尚青台湾食品、三角窗台湾口味店，当然还有目的地勇伯米粉汤。一条300米的永寿路，聚集了六七家台湾店铺，在离“台湾街”不远处，延伸出一个更适宜的地方继续生长。台湾人的胃，台湾人的魂，并没有离开。

台湾学者廖炳惠在《吃的后现代》一书中，称台湾的后现代饮食充分发挥了漂泊离散（diaspora）的面向。“diaspora”一词原指流散于世界各地却又心系家园的犹太人，后来引申为“四海为家”“世界主义”的代名词，用来探讨全球化时代的迁徙和流动认同。

这一点在大陆工作的台湾人身上，体现得淋漓尽致。他们的生活杂糅着情感记忆、话语习俗、梦想追求和现实处境，但到了饮食店就可以将这些抛开。美食让人更容易坐到一起，这是友好交往的最简单一步。

走进勇伯米粉汤，你可以学着隔壁桌的台湾大哥，来两碗招牌米粉汤，一份烫蚵仔连。新鲜得能看见蛋白流动的蚵仔，入口是令人感动的海鲜味道。大陆人的肠胃，怎么会不被这样的美食俘获？庆幸东莞还有诸多风味能与之媲美，让台湾人也爱上“寻味东莞”。

作者：王瑶佳

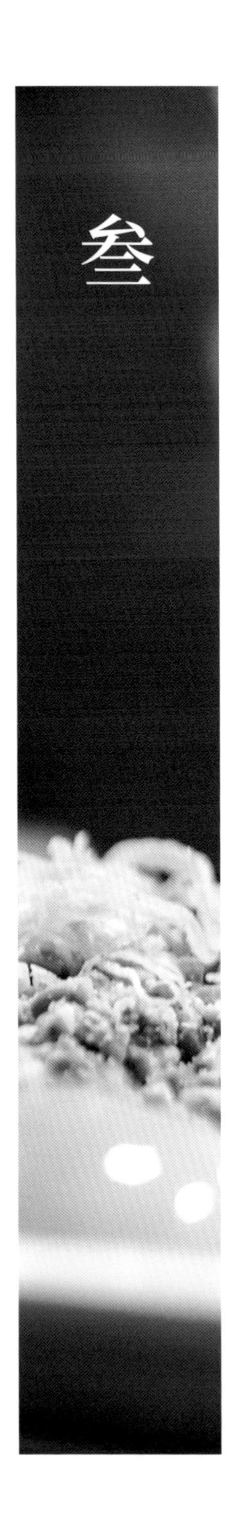

年轻东莞人的口味生活

《寻味东莞》纪录片播出之后，伦浩宇的生活有了一丝丝改变。当然这不只是因为纪录片的播出，疫情的暴发也带给了他更多的思考。

“如果两年前你问我，我的梦想是什么，我可能会毫不犹豫跟你说是去外面的世界学习，把店开到更多城市。现在不一样了，我觉得我需要基于东莞，做更有辐射力的事情。”坐在The Lun甜品店里，伦浩宇说着自己对未来的思考。

伦浩宇出生于1989年，那时东莞仍然随处可见农田；2020年的今天，东莞已然成为新一线城市，GDP（国民生产总值）位列全广东第四。

李梦颖 摄

The Lun

伦浩宇的甜品店还是以预约制为主，所以去之前务必打电话提前确认。当然，没预约并不代表吃不到美味，他有两款甜品是无须预约直接进店可食的。

营业时间：

14：00~18：30（周三休息）

地址：东莞市万江街道新联街祥富花园D座2楼205室

电话：0769-28638233

这样巨变的时代，会对东莞年轻人的成长有怎样的影响？

一份深夜的牛杂

张庆威最爱的贤记牛杂馆，开在东莞著名的可园附近，其隔壁就是东莞另一家老字号——黎姨鸡蛋仔。先吃咸的，后吃甜的，搭配倒是颇为完美。

“它们两家以前也是邻居，都在振华路骑楼街的T字路口，贤记牛杂馆就在东方红照相馆门前。那时候我们逃晚自习去隔壁老电影院看电影，看完就会兵分两路，一路排队‘黎姨’买鸡蛋仔，另一路排队‘贤记’买牛杂。那时候它们还不是店铺，都是手推车的‘走鬼档’（本地话，路边摊的意思），晚上真的好多人围在那里买东西！”张庆威站在“贤记”摊前，一边熟练地点着爱吃的牛杂一边介绍。

贤记牛杂馆

“贤记”的牛杂摊子一般放在户外，分两口卤水锅，一口卤水锅里是各种牛杂串，本地人会直接告诉老板自己要什么；另一口卤水锅里是纯卤水，用来涮旁边陈列的其他食材，比如油豆腐、海带、西洋菜等。告诉老板想吃什么后，他会帮你涮好，放在碟子里，一般会配以甜辣酱吃。

营业时间：周一至周日
11：00~00：30
地址：东莞市莞城街道可园北路岭南文创中心
电话：13712170848

出生于1987年的张庆威是地道的莞城人，拥有外界看来非常炫酷的双重身份：白天从事法律行业，晚上是一家文创公司的联合创始人。根据东莞市公开的统计公报数据显示，东莞常住人口的平均年龄是34岁，正好是他的年龄。

在张庆威两岁那年，东莞变成地级市。撤县设市后的东莞并没有设立县级单位，而是采取扁平化管理模式，这是促成东莞之后20年高速发展的主要原因。

扁平化管理模式带来的影响之一是农村和城市的边界逐渐模糊。由于各地在发展中比拼的是招商引资

曹雪琴　摄

黎姨鸡蛋仔

“黎姨”的摊子早年就跟“贤记”在一起，一家卖牛杂，一家卖鸡蛋仔，如今两家都搬到了位于可园北路的岭南文创中心。“黎姨”的小吃品种也增多了，你不仅能吃到鸡蛋仔，还可以吃到各色东莞糖水和简餐，菠萝饭也是人们点得比较多的菜品。

营业时间：周一至周日 11：00~22：00

地址：东莞市莞城街道可园北路岭南文创中心

电话：0769-22112261

速度，而莞城当时虽说是行政中心，居民拥有东莞的城市户口，但因为工业用地和建厂房用地有限，便逐渐在这场镇区竞赛中失去了优势。

张庆威第一次感受到莞城人的城镇优势消失，是初高中时期。“我记得小学同学就都是莞城人，初中才开始有镇区的同学，高中才有父母在莞城工作的外省同学，大家交流都是用莞城话。”他说，“大概高中那会儿——孩子都敏感嘛——我就发现同班农村户口的同学开始追新款耐克鞋，而我父母开始交流下岗问题。”

孩子的确都敏感。所以面对同学间的经济落差和生活里的家庭愁云，年少的张庆威选择了自我消化。他告诉自己，让父母骄傲的唯一方法就是成为那时人们眼中的“叻仔”（好孩子）。

这是一个在不同年代会有不同定义的词。于张庆威代表的“85后”而言，“叻仔”意味着考到省内最好的大学，大学毕业后回东莞，成为收入稳定的有身份又体面的医生、教师或公务员。

他的确也是这么做的。从华南师范大学毕业后，张庆威顺利进入法律行业，成为亲朋眼中“别人家的孩子”。但这真的是他的理想吗？是，也不是。是，是出于他对自己、父母的承诺；不是，是因为他知道真正令自己快乐的是阅读，是电影，是曾经中学时期“斜杠”过的一段文学青年时光。

于是在完成对自己和父母的自我承诺后，他悄悄开始尝试另一种或许可以令他更自由的人生。

2014年，正值微信公众号开始流行，他注册了账号，分享自己和身边朋友们读的书、看的电影和对东莞这座城市的思考，高中好友黄庆威随后加入。在公众号势头最好的那一年，两人注册成立公司。自打那时起，张庆威便开始了白天从事法律工作，下班来到运河创意公社继续创业的生活，直到深夜。

张庆威在半夜回家的路上，时不时会驻足“贤记”。虽说地址已变，张姨和贤叔还是像张庆威记得的那样，将摊子放在店铺门口，在不挡路的前提下，在人行道边摆几张桌子。张庆威喜欢吃牛膀、牛肺、牛肚串，再加一串海带、豆腐干和烫青菜，甜辣酱要放在一边，不要直接浇在牛杂上，最后还要一瓶冰的饮料。这些张姨和贤叔都记得。

“这座城市变化太快，很多20年前你熟悉的东西，可能一转眼就拆掉或者没了。我喜欢来这里可能还有一个原因，就是虽然店铺和以前不一样了，但贤叔和张姨还在。看着他们，我就有种此心安处是吾乡的感觉。”坐在马路边，张庆威吃完最后一口牛杂，起身说道。

实惠的棉记糖水

黄庆威比张庆威小一岁。两人认识是因为名字高度相似，“他来我的高中做报告演讲嘛，文学社社长哦！风云人物来着。”相比于张庆威的认真、内敛，黄庆威的性格显得更外向而活泼。

黄庆威最爱的小吃店是莞城的棉记糖水店，“这里更好吃啦，我们上学时候就来这里吃了”。

“棉记”很大，有上百平方米，随时来吃随时有座位。虽说是糖水店，餐牌却有几十个品种，味道都不差，价格还分外实惠。随意扫一眼，你便发现单价没有超过 20 块钱的，连凉拌鱼皮这种原料就可能价格不菲的菜品也只卖 12 块钱，还足够新鲜爽脆。普通老百姓饿着肚子进来，15 块钱可以吃到肚圆，也难怪这里成为黄庆威学生时代的首选目的地。

棉记糖水店

“棉记”的菜单上菜品种类非常多，它的特点在于实惠和量足。每道味道都不错，点得最多的还是卤鸡爪等卤味和海带绿豆糖水、糖不甩、凉拌鱼皮和凉拌陈村粉等小吃。

时间：周一至周日 10：00~23：30

地址：东莞市东城街道瑞龙路 13 号 1 楼

电话：0769-23061613

“我们那时候住校，只有周末下午一群人过来，一人一份糖水，再来几个卤味。他家卤鸡脚、卤肠头都很赞！”黄庆威喜欢点绿豆海带糖水和糖不甩，“别人家的糖不甩都不对，正宗的上面是要有蛋皮丝的。”

类似“棉记”这样的糖水店，在东莞有不少。石碣镇就有一个永成糖水店，跟“棉记”一样，菜品种

钱钧墀　摄

《寻味东莞》纪录片　摄

类从糖水、粥类、炖汤、咸面，到凉拌菜、卤水，甚至港式甜品……也是薄薄的菜单有几十种味道，最贵不过15块钱，品质童叟无欺，陪伴了无数“80后”“90后”的成长。

黄庆威小时候住的万江新村有成片农田河道，“小时候爸妈都在外面找机会挣钱，我就跟奶奶住在村里，她做腐竹，我在河里游泳、钓蟛蜞、玩泥巴”。

20 世纪 80 年代中后期，东莞进入飞速发展阶段，但凡有土地的地方就有机会被港台商人青睐。黄庆威的父亲稳、准、狠地抓住了时代契机，让儿子成了张庆威口中那个“追新款耐克鞋的孩子”。

因为莞城教育条件更好，黄庆威考进了“莞城五大校”之一的东莞实验中学，大学毕业后回到万江街道，和亲戚开了一家包装印刷厂。“所以老张（张庆威）跟我的人生都很符合逻辑嘛！老张是城里的孩子去单位，我是农村的孩子去工厂。”面对自己特殊的成长经历，黄庆威习惯性地用开玩笑的方法一句带过。

但黄庆威开朗活泼性格的背后，似乎又有另一种动力，一种不甘做“坐拥时代红利”的工厂老板，想证明自己的价值的渴望。

“（父母）那时的东莞真的到处都是机会，有人说‘躺着都能赚钱’，虽然没有这么夸张，但机会的确很多。所以面对我们这一代没能把握住机会时，他们其实很难理解，总觉得是年轻人能力不行，把握不到什么机会。但他们不知道时代已经不一样了。”黄庆威说，“他们享受了时代的红利，而我们是在‘红海’。”

其实东莞经济腾飞 30 多年，绝大多数人窥见的只是新闻里的只言片语。只有真正尝试参与其中，跟活生生的人交流，你才能意识到“背负大山”的每个人的生活是如此交错而复杂。

这里面有不断消失的城市优越感，有时代红利下的精神迷茫，有新老两代人的思想碰撞，有创新和传统的不断拉锯，更有外来人口——尤其是出生在东莞的打工者二代——关于“自己是谁”的困惑与和解。

玩具厂旁的连锁粥粉店

“那时候就是趴在这个窗户上看。每天中午12点03分，一分钟都不早，乌泱泱的人会从厂房出来。身穿蓝色衣服的是底层的工人，而穿橙色衣服的一般是车间主任。”王瑶佳指着中堂镇如今正改建成公园的开达玩具厂旧址——一栋临街的老房子二楼说，“真的是人流，像水一样，一部分流去大街，一部分流进我家楼下这条街。”

王瑶佳是标准的东莞打工者二代，1997年出生。她母亲是四川人，16岁时便只身一人来东莞打工；她父亲是江西人，大专毕业南下来东莞找机会。两人在开达玩具厂相识，并在玩具厂宿舍结婚，生下瑶佳后搬入出租屋，过起了东莞外来务工人员最熟悉的“工厂—出租屋”的两点生活。

“我的童年就在那条大街和那时我家楼下的小道。”在一家名叫“早稻石磨肠粉”的连锁店，王瑶佳开始讲述自己作为东莞打工者二代的童年记忆。

这家早稻石磨肠粉开在距离开达玩具厂走路5分钟就能到的一条马路上，两旁鳞次栉比的川菜、湖南菜、粤菜餐厅，透露着这里居民的饮食偏好。“小时候，这家餐厅在的这片地方什么都没有，只有杂草，小孩那么高的杂草。”

瑶佳是吃百家饭长大的。因为父母都在玩具厂上班，还时常加班，所以在瑶佳的记忆里，自己不是在大伯家吃饭，就是母亲赶回家做好饭再回厂加班。吃的什么印象不深，都是家常小菜，“我就记得我爸喜欢炒豆皮，因为那是南昌特色，我妈和我就非常不喜欢吃”。

为数不多的几次吃本地粤菜的体验，也源于擅长社交的母亲。“我妈很会做人情，也自学了粤语，她那时候会跟本地阿姨打麻将，和她们混熟后，带我一起参加她们在周末的早茶。”瑶佳说，“我小时候很不喜欢这种感觉，长大了才领悟她的那种生存需求。我很佩服我妈，她的适应能力非常强。”

这种适应能力的另一种展现，就是母亲有意识地培育瑶佳成为一个东莞人。

瑶佳的父亲至今不会说粤语，母亲却从她出生就用粤语与她交流。别的工友会把孩子送回老家上学，瑶佳的母亲却让她跟本地孩子一样上公办小学、初中，甚至直接辞职在家带她。中堂镇但凡有节庆活动，只要本地朋友呼唤，母亲就会带瑶佳参加。

虽然当时瑶佳没有东莞户口，但她的生活和本地人几乎无二。

“那时候东莞的入户政策还没如今这么完善。今天是你只要满足条件，就可以一站式申请户籍。那时候得通过一个叫作‘新莞人积分入户’的政策才能加入东莞户籍。我记得在我快上初三的时候获得了东莞户籍。”

获得户籍的瑶佳考上了“东莞五大校之一”的东莞实验中学，成了黄庆威的学妹，平日全封闭地寄宿在学校里，只有周末回来。她熟悉的中堂生活，也在那几年发生了变化。父母在这片曾经都是杂草的位置买了新建的商品房，出租屋的生活就此结束。这家早稻石磨肠粉也随着地产开发的完善，开在了她家楼下。

“我跟我妈现在只要懒得做饭就会下楼来这里吃一顿。”瑶佳吃着自己点的肠粉，又往上面加了两勺辣椒，“我口味随我妈，比较重，爱吃辣。”

翠华记港式云吞

何芷茵是王瑶佳的高中同学，在国内完成了高一的学业后，以交换生的身份前往美国求学。她在美国读完了高中，并顺利进入迈阿密大学。2020 年 5 月，因美国新冠疫情大范围暴发，恰逢毕业的她选择回到老家东莞。

“这家店跟我记忆中真的完全不同了！”踏进翠华记的何芷茵一脸惊讶，“以前没这么‘高档’，那时候就是很狭窄的店面！”

这是何芷茵 6 年后第一次回到熟悉的翠华记，店里环境的变化给她带来了一种震撼的陌生感。她点了份小时候最喜欢的港式云吞面，“希望味道没有变”。

翠华记是位于莞城的一家老字号云吞面馆，何芷茵还在上小学时，这家店就开在这里。那时一到节假日，或是跟妈妈在这附近逛街，她就会来吃碗云吞面。云吞面是传统广式小吃，在东莞有很多小吃店提供这种小吃。而翠华记出名，在于它是最早在东莞走港式云吞风格的店家：一个云吞的大小堪比一把瓷汤勺，每个云吞里

李梦颖　摄

都有一整只大虾。

在那个主打“面多肉少，云吞小小”的时代，翠华记的出现无疑是一种创新和一个亮点。而且一开 20 多年，也说明了其品质和周围老百姓对它的认可。

云吞面上得很快，何芷茵咬了一口，“味道没变，还是我小时候的味道”。

翠华记面食馆

它家的特色是包裹了一整只虾的港式大云吞，可以加点儿桌上的“大红浙醋”，是本地人比较传统的吃法。

营业时间：周一至周日 07：00~22：30

地址：东莞市莞城街道新风路 238 号

电话：0769-22224866

机缘巧合，何芷茵获得去美国高中做交换生读书的机会。她住在美国人家里，学校里也几乎没有中国人，这对她来说挑战不可谓不大。但美国更多的可能性让她想试试留下来。在美国交换一年结束后，她跟父母商量，决定继续在美国念书，这样一待就是 6 年。

“但我从一开始就知道，自己或许会在美国实习一段时间，最后还是会回来。”何芷茵一边吃云吞面一边说，“因为美国人的生活方式不是我想要的，华人在异乡想要出人头地更是难上加难。”

何芷茵的决定跟绝大多数东莞年轻人一样——回到东莞。这座城市似乎有着一种神秘的魔力，让无论走了多远的东莞人都渴望回家。“你觉得东莞吸引你的地方是什么？为什么外面的世界没能抓住你的心？”这不只是我们对何芷茵的好奇，也是对像她一样的东莞年轻人的好奇。

“为什么要去外地？”她几乎没多想就脱口而出。作

为一座地处广州和深圳中间的城市，东莞拥有独特而优越的地理位置，“我认识很多东莞人，他们在深圳上班，或者在广州上班，下班开个车回东莞住，这很常见”。

的确，从东莞到广州，坐“和谐号”全程不超过半小时，刷身份证即可随时上下车，票都不用取。

“而且你知道大湾区计划吗？就是对标日本东京湾和美国西海岸的纽约湾、旧金山湾，建设粤港澳大湾区的计划。我前阵子跟随一个组织去松山湖学习，看见了各行各业的建设，要知道，你在东莞是可以深度参与并见证它的成长的。”她说，“但如果是北京、上海这些体系早已成熟的城市，我去就是接受和服从，还要面对高额的生活成本和完全陌生的环境。”

在何芷茵看来，留在东莞是顺应时代发展的选择。这是座拥有巨大加速度的城市，在这里，你可以见证和参与的可能性，比早已成熟的北上广多太多，外加熟悉的环境和更亲民的生活成本，“这里不存在看不到世界的问题”，她说。

平日里，何芷茵喜欢看音乐剧。而回来的这几个月，她几乎只要有空闲就泡在玉兰大剧院里。

“你知道《玛蒂尔达》吗？东莞是它在中国巡演的首站！而且价格很实惠，同等的价格在北上广那里几乎没有！”提到音乐剧，何芷茵无比兴奋，“而且跟你说一个细节，最近我看了一场音乐剧，出剧场后，在停车场里，有人走过来问我‘回不回深圳，马上发车’，当时我有点儿吃惊，居然有深圳的人专门跑来东莞看剧。但后来想想，剧是一样精彩的剧，这里价格便宜很多，交通也便利，有人过来看也是情理之中。”

4 个年轻人，存着完全不同的成长背景，却都选择留在东莞，为这座城市的发展和宣传做出自己的贡献。

我们再次回到伦浩宇的甜品店时已是 11 月，他正在店里制作一款果汁，浓郁的黄色中带着微微的橙黄。“你们上次问我什么是我记忆里童年的滋味，这个就是！”他说道。

一口下去，果汁里有甜有酸，甚至有点儿微苦。“你肯定没喝过，这就是黄皮果汁！我在夏天把黄皮摘好后，用糖简单腌渍了一下，这样就可以保证一年四季都有黄皮吃，还可以做成黄皮果酱，用来搭配其他甜品！”

这大概就是新一代东莞人对自己的城市的情感：他们渴望创新，渴望留下，渴望在自己家乡，用自己的创意与双手，创建出一个属于这座城市的生机勃勃的未来。

作者：梅姗姗

一碗人间烟火，看一座城市的海纳百川

巷子里的深夜排骨饭，踱步等一回

无论你去哪座城市，走进一家店面不起眼却在街坊邻里中拥有独特口碑的小店，都往往是融入一座城市最“可口”的方式，所谓“四方食事，不过一碗人间烟火”。

没有门槛，不分贵贱，谁都可以去吃，几口下肚，好像也融入了一座城市的市井生活。

对于东莞这样的移民城市和众多迁徙而来的人来说，当地美食既是本地人做的排骨饭、烧鹅濑粉，也有靠勤劳手艺扎根于此的异地风味。

材叔最近忙得不可开交。日复一日地做了近 30 年的营生，因为纪录片《寻味东莞》和抖音视频的传播，店里迎来大量生客。

在麻涌镇新基村，沿着漆黑的街面行至海成百货，倘若看见内巷里有人在徘徊等待，你就找到了这家藏在居民楼下的“阔佬材排骨饭”。

晚上 12 点未过半就开门，直到清早六七点。门开早了，档也比以前收得晚。依旧是那七八张桌子，屋里屋外站着坐着的，数数能有六七十人。他们都为了那口排骨饭而来。

《寻味东莞》纪录片　摄

《寻味东莞》纪录片　摄

新鲜排骨剁寸段，裹上生粉和盐让肉质变得细嫩，用蒜蓉豆豉去腥增香；晚稻籼米，冲入90摄氏度的热水直接上锅，只等15分钟，米粒饱满，排骨嫩滑；最后再淋上一勺经过调味的猪油，没等花姐把它们一碗碗放上托盘，就有食客循着油香闯入厨房。

店里只有材叔和花姐两个人在忙活，一位掌勺，一位传菜。极少的工作人员和络绎不绝的八方来客，自然形成一个乱中有序的市井生态。有食客形容“这像武侠小说里随时会有人抽刀打架的那

《寻味东莞》纪录片　摄

种酒肆：有刚喝过酒的，有集体打球的，以及突然要一人包办 50 份排骨饭的熟客。走进门会被各路人马上下打量，灵魂发问我为什么要熬夜来这里”。

刚入职场不满两年的林均尧是地地道道的麻涌人，过去只要吆喝一句“食排骨啦”，镇上的朋友就都知道要去阔佬材排骨饭赴约。他们这一代麻涌小孩，打小就跟过叔伯长辈起早去吃阔佬材家的排骨饭。随着年纪增长，同行的人从父辈换成好友，排骨饭也从早餐变成夜宵。在这期间，食客面貌和就餐节奏也跟随城市发展而悄然变化。

最早，小店里鲜少有外地面孔，排骨饭主要供应给从事香蕉生产和贸易的人。麻涌镇是“香蕉之乡”，而位于麻涌东北面的新基村，在香蕉种植一片火热之时，也曾种出单串 90 斤香蕉的“蕉王”，村代表得到过周恩来总理的接见，并获得“香蕉高产”奖状这类荣誉。

改革开放后，国家对香蕉开放自由市场。新基村和

阔佬材排骨饭

导航定位“麻涌新基阔佬材排骨饭”，汽车停在海成百货，往巷子里走 50 米。左侧一栋没有招牌的红砖房，正是阔佬材排骨饭的所在地。店里没有菜单，不能扫码，要点什么直接跟花姐说。一人一碗排骨饭，再加上三粒肉丸、一盒菊花茶饮料，再来一碟排骨、猪肝拼粉肠，是标准的老友夜宵吃法。千万别错过店里的肠粉，猪油酱料裹着十足的韧劲，你在别家绝对吃不到。

营业时间：周一至周日 00：30~05：00（具体时间不定，但每天都会开门）

地点：东莞市麻涌镇新基大道 16 号

电话：0769-88824872

友情提示：要坐在靠近厨房的桌子上，上菜更快。

另外3个村子的蕉商，基于以往的内销经验，纷纷组合起来，重拾北运销售香蕉业务，一时间，蕉艇、机动船只川流不息。因为白天太晒、太热，蕉农们都会在凌晨完成绝大多数最消耗体力的活。他们日落而息，在凌晨两三点起床。周边的蕉农和从事香蕉运输工作的“贩仔”，就是阔佬材排骨饭的第一批食客。

那时候，材叔的客厅摆满一排茶壶，客人们每人点一碗排骨饭，有的会多叫一碟排骨猪肝拼粉肠，高兴了再来点儿烧酒，优哉游哉地坐上一两个小时，这是店里最原始、最温情的场景。

到了20世纪90年代，新基村开始朝工业化方向发展。1997年，距离材叔家几条街之外，东莞市奇声电子实业有限公司开工建厂，前后大大小小的工厂落户，外来打工人口不断聚集。这些24小时轮班的外来青年，下了夜班后若想果腹，材叔家的排骨饭是实惠又美味的选择。材叔还记得有一些漂染厂的工人，他们进门、离开都会打招呼，虽然想不起名字，但他对这些打工仔印象很好。

时间线拉到最近，麻涌镇大力发展文化旅游产业，店里多了很多“抖音客”，他们从广州、深圳、香港甚至更远的地方跑来一探究竟。大部分人还是规规矩矩的，但也有个别人喜欢拿着手机到处乱拍，指向被烟熏黑的房顶、来不及收拾的餐盘。

材叔不喜欢这些人，他说几千元也能把房顶“整靓”，但想想还是

《寻味东莞》纪录片　摄

《寻味东莞》纪录片　摄

没装修，说怀旧一点也挺好。我知道他是做惯了，过去经济不发达，来吃排骨饭的人多是为了解决温饱，食材新鲜、价格实惠就好，没人要求他要把店做大做靓。

营业 29 年，一向温和敦厚的材叔，除非遇到喝醉酒捣乱或者强行插队的人，否则不会发脾气。即便真的动了怒，他也能很快恢复。有一次，一位带着醉意的客人来到厨房嚷着要自己往排骨饭里加猪油。材叔和花姐一番哄劝无果，材叔只好凶他："再不出去就不卖给你了！"对方的酒意立刻醒了一半，灰溜溜地走出厨房。

如果只从大众点评和抖音上了解只言片语，你会认为材叔是一个脾气暴躁、会随时收档的餐馆老板。但只要真的来吃一趟，其实很容易发现，那些不过是用来对付醉酒客人、镇场子的方法。上一位客人拱的火，绝不会发泄在下一位身上。而这个经常嚷嚷着"不做了"的人，还是在那里开着店，日复一日，年复一年。

今天来阔佬材排骨饭的客人，什么地方的都有，大多数人只想瞧一瞧这个生猛似武侠小说中的市井食肆，但那些常来的人，则在这里寄托了更深的情感。

对于不少本地人来说，排骨饭是他回麻涌不吃就不舒服的"必须完成项"；对于在莞打拼的异乡人而言，人在江湖漂，如果有那么一家店牵连着你，是不是也算自己有根的证明？

东莞有家烧鹅濑粉店，24 小时营业

凌晨 1 点，阔佬材排骨饭的第一批食客已经换下，25 公里外，宏兴烧鹅濑粉店也同样热闹。

在它旁边 1 公里的麦当劳早已关门，比起同样 24 小时营业的肯德基，更多偏爱东莞老滋味的肠胃，会选择去宏远立交桥下，吃上

《寻味东莞》纪录片 摄

一碗烧鹅濑粉。附近的上班族、看完演唱会的小情侣，以及操着外地口音的货车司机、滴滴司机，甚至赶飞机的旅人，都围坐在桌边，一人一个红色胶凳，不时发出吸入濑粉的啉啉声。

一人食，通常点一碗烧鹅濑粉，鹅髀免切则是最地道的熟客点法。如果两人以上，传菜阿姨会建议你来一份例牌[①]，单点斋濑、斋河或斋米，还有粉肠、鹅杂和叉烧可以拼盘上。这里上到烧鹅师傅，下到传菜阿姨，几乎人人都能手起刀落斩烧鹅。机制濑粉，裹上刚刚烫熟的新鲜生菜，鹅皮韧中带脆，鹅肉咸香鲜嫩，中间还勾连着薄薄一层油脂。若觉得差了点儿滋味，赶紧让阿姨来一碗烧鹅汁，蘸一蘸送入口中，真真是平淡中的幸福味道。

老板莫叔是本地三元里人，客人也戏称他为“肥佬”。宏兴烧鹅濑粉店原本开在隔壁金融街，赶上地

宏兴烧鹅濑粉店

宏远酒店斜对面、宏远立交桥下的烧鹅濑粉店，运气好的话，还真的会偶遇广东宏远篮球队的球员。现斩的烧鹅、白斩鸡、烧鸭、叉烧、粉肠、鹅杂既可以配白米饭，也可以搭濑粉、河粉或米粉。两人以上建议来一份例牌，两碗斋粉，量多更划算。天气热时，去冰箱里任选一瓶盒装饮料，维他柠檬茶或者沙士都是老莞人的下饭至爱。

营业时间：

00：00~24：00

地点：东莞市南城街道莞太路与沙苑一街交叉路口往西南方向约 100 米

电话：0769-22420132

友情提示：一人食推荐鹅腿濑粉，别忘了要多一碟烧鹅汁。

---

① 广东话中指菜的分量，一般来说，一份例牌相当于 3~6 人的分量。——编者注

方改建，于1999年搬到立交桥下，搭棚小店变真砖实瓦。那会儿店里还没有做全天生意，有一晚，寻常能卖到凌晨1点的烧鹅，12点就卖完了，几个从镇街跑来觅食的青年没吃上，居然生气地砸了门口招牌。莫叔也常听食客抱怨来晚了吃不上消夜，性格和善又有些温暾的他，这次之后终于下定决心，在门口换上“日夜供应”的牌子。

如果留心观察，你会发现这里除了24小时营业，每张饭桌上摆着的辣椒酱，也让宏兴烧鹅濑粉店与大多数东莞烧鹅店区分开来。

传统东莞人不爱吃辣，一是因为气候，东莞一年之中有9个月是夏天，犯不着驱寒。在他们心里，辣椒是极上火的东西，喝再多凉茶也救不回来；二是因为物产的特殊性，东莞乃至大部分广东地区水产、海产丰富，为了保持食物鲜美，白灼就是最好的做法。这一罐罐辣椒酱，无疑是跟随外地人迁徙而来的饮食偏好。

在附近上班的欧欧，是典型的东莞打工者二代。父母早期从四川来到东莞打拼，将还在念小学的欧欧两兄妹也带了过来。四川人无辣不欢的血统一脉相承，即便是到粤菜餐馆，欧欧的目光也总在搜寻辣椒。

《寻味东莞》纪录片　摄

《寻味东莞》纪录片　摄

因为辣椒，宏兴烧鹅濑粉店在欧欧广阔的美食地图中脱颖而出。老板莫叔自己不爱吃辣，因为外地客人越来越多，总有人问有没有辣椒酱，他便去附近的综合市场购入几款，让食客用舌头决定留下哪款。最后，食客们留下加了蒜米、口感偏甜的龙隐牌辣椒酱，虽有甜味，但也比广东人喜爱的蒜蓉辣椒酱的辣味突出。

比起四川人崇尚的麻、湖南人重视的辣，“宏兴”这里的辣酱，更像一种人群交融后风味也混杂了的结果，辣和辣之间的细微差别，体现出地域文化与社会价值的相互作用。

每天上班，欧欧会搭乘X7路或X17路公交车坐到宏远立交桥东，比目的地提前两站下车，只为赶上清晨8点10分的3份烧鹅濑粉。打包回公司后，她跟两位潮汕、湛江籍同事一起分享，隔天又能吃上她们带的肠粉和茅根粥。

几个外地人，不约而同地选择了东莞味道。

胜利南路上的异地风味，吃了解乡愁

离欧欧家步行3分钟的地方，有一家开了几年的重庆鸡煲石锅鱼店。夫妻俩是重庆万州人，最早在胜利南路上开店，因为待客热情，口味不赖，渐渐带火了周边一排餐饮生意。

从西北角往东南方向走，一条250米长的街道，开了近10家口味不重样的餐馆：重庆火锅、苗家胖嫂红酸汤、柳州螺蛳粉、港美茗点名菜、强记道滘粥、潮汕砂锅粥、重庆鸡煲石锅鱼、一品湘烤鱼馆、湛江隆兴生蚝。若只听店名觉得没什么稀奇，那你一定要挑个周末夜晚，坐在街边的大排档椅子上，一边吃鸡煲，一边融入这份属于外地人的古早夜宵。

斜挎一把吉他，拖着拉杆音箱，“唱歌小妹”带着点歌单入场。30

元一首，50 元两首，安徽人檀小妹说在自己 259 首可供挑选的歌曲中，最会唱的粤语歌还是《月半小夜曲》。

桌椅间的狭窄通道，流连的可不止一个人。3 公里外的银丰路是东莞有名的大排档一条街，每天晚上，卖玫瑰花和槟榔的李大妈，会从那里步行过来，她说走 40 分钟权当锻炼。隔壁桌的客人买了两朵，不知道是 20 元入账让她脸上挂满笑容，还是卖花本身就要求这样的职业素养。

这些场景汇集在一起，在今天东莞的绝大部分地方，你都很难看到。

隔壁那桌买花的大哥是安徽人，口味随和，他介绍说，自己来东莞 18 年，家住在附近，常来吃重庆鸡煲石锅鱼。同桌几个也都是开大货车的。干这行，吃饭时间没个准儿，所以一有机会，就想聚在一起喝喝啤酒，撮一顿。

做建材运输的人，对东莞城市发展有最直观的感受。这几年，东莞城市更新得如火如荼，货运的目的地大多也是城市更新项目。目睹东莞一点点改掉旧有的城镇、厂房和村庄，买花大哥有些感慨：不管是靠苦力赚钱，还是凭学历、智商，一个人的归属感和乡愁，总得落在什么地方。就好比这条胜利南路上的大排档，它口味的混杂和融合，那种自在、舒坦的气质，让买花大哥感觉自在，也让欧欧回忆起小时候的四川味道。

重庆鸡煲石锅鱼

胜利南路上的元老大排档，因为它的存在，才逐渐形成这条大排档一条街。香辣鸡煲是老少咸宜的必点菜，石锅鱼可选清汤味、香辣味、麻辣味和酸菜味，满足了南北不同味蕾。

营业时间：周一至周日 17：00~05：00

地点：东莞市万江街道胜利南路与港口大道交叉路口西北侧（胜利广场）

电话：0769-33391212

友情提示：周末的晚上来这里更容易感受大排档古早味。

在《城市的精神》一书中，阿姆斯特丹被定义为“一个属于所有人的地方”。作者认为社会包容具有两个概念：第一，因中立而包容；第二，因好奇、吸收和同化而包容。前者是看似包容，后者才是真正的包容，它代表真正接受他人及其文化和价值观。

东莞是否真的是一座海纳百川的城市？想要对此有自己的判断，最简单的方法是去吃一吃当地的美食，到人间烟火里“泡一泡”。

你会发现，餐馆里什么人都有，“你是哪里人”不过是一句寒暄的开场白。没有人会介意你从哪里来，因为来了就是东莞人。

作者：王瑶佳

东莞，
一座日益国际化的餐饮城市

一座城市的生机和活力，往往从它所拥有的餐厅种类可以窥见一二：1987 年，当第一家肯德基落座北京前门时，我们知道这个国家开始了与西方文化的交流；2016 年，当米其林发表《上海米其林指南》，我们知道中国的国际地位已然悄悄发生变化。

东莞餐厅的转身瞬间，发生在 2015 年后。

那几年，祈康膳坊、观想堂、太钟东海国贸店等集合了国际设计理念和向米其林餐饮服务质量看齐的店家纷纷涌现，越来越多东莞人开始以环境、服务和菜品设计巧思为标准，以更加国际化的要求寻找喜爱的餐厅。

创意、设计和视野成了东莞餐饮业新的关键词。

老莞菜，新面貌

“第一次吃阴菜是阴菜牛展汤，当时印象最深的是阴菜的香气。”说话的是方云成，东莞的一名分子料理厨师。“那时我正好在跟林中文和谭震洪两位传统东莞菜大师学习，他们说阴菜不仅香味浓，还可以止咳润肺。我就想，能不能把阴菜变成一种分子料理呢？”

彼时正值东莞市政府大力推动“粤菜师傅工程”，方云成便和几位东莞传统菜大师一起，基于传统东莞菜发挥创意。就拿阴菜来说，他们用阴菜和罗汉果共同熬煮出精华，加上卵磷脂，用高速搅拌机搅拌均匀，最后放入苏打瓶，打入液氮，过滤后装杯，做成口感浓郁奇特、略带清甜的阴菜苏打饮品，一下子在年轻人中流行开。

方云成不是东莞“土著”，他出生于广东清远，18 岁开始学厨，在厨房已经打拼接近 20 年。2010 年，他接触到分子料理，从此一发不可收。

方云成想把传统粤菜通过分子料理表现出来，但他辗转广州、深圳，才发现有些粤菜师傅并不愿毫无保留地把自己毕生所学传授出来，“他们还是秉承那种传统概念，怕你学会了抢他饭碗”，直到他来到东莞。

东莞的餐饮业有着跟别的城市完全不同的气质，“东莞让人有家的安心，首先，整座城市的规划很干净，每次开车回东莞我都觉得特别舒适；其次，这里的厨师是我见过最团结的，大家没有利益心，真的就是相互学习、分享，我就觉得这里应该能帮我圆梦”。

“当时的广东省委书记李希也提出‘粤菜师傅工程’这个概念，东莞在落实，我们几个厨师就在想，怎么能做出不一样的内容，一

蓝业佐　摄

蓝业佐　摄

来帮助东莞的‘粤菜师傅工程’培养更多人才，二来把东莞传统菜表达出来。”方云成回忆道。

‘粤菜师傅工程’是一个旨在传承粤菜文化的同时促进城乡劳动者高质量就业，助力精准扶贫的项目，它能尽可能地帮助促进厨师之间相互学习和提升。

“年轻人现在很少接触传统东莞菜了，他们不知道阴菜，也不知道油鸭这些传统，我们就想把传统菜用创意的方法做出来，让更多年轻人了解东莞传统菜。”

方云成举了豆皮鸡的例子：把传统东莞豆皮鸡的酱料，通过液氮的方式变成冰沙，上桌时现场淋在豆皮鸡上。“整个过程有白烟，大家彼此之间有互动，就会把手机拿出来拍小视频，分享到朋友圈，这对餐厅也是会产生很好的宣传。”

“总之就是持续把东莞的传统以创新美味的方式呈现出来，来帮助东莞饮食更好地在年轻人中传播。”

“我要做东莞最好的国际餐厅”

味道和外观是美食的全部吗？

在世界著名的米其林餐厅评价标准里，“登峰造极，呈现超美的食物”只是三大重要比分环节的其中之一，“零缺点的服务”和“极雅致的用餐环境”，对于一个正高速迈进国际化的城市的餐饮行业来说也同样重要。

如果问东莞人，他们觉得东莞哪家餐厅最“高大上”，“太钟东海”大概是绕不开的名字。

李梦颖　摄

李梦颖　摄

钟伟洪是太钟东海品牌的创始人，他亲历了东莞餐饮业的改头换面。“我们家在 1979 年就开始做餐厅了”，钟伟洪回忆这 40 年的变化，最大的感慨就是“太快了”！

“1979 年改革开放时期，我们家住在中堂镇车船渡轮码头旁的一个市场里，我爸爸看到等待上渡轮的司机与随行人员常因时间问题吃不上饭，便萌生为他们供应餐食的想法。”这是钟家三代人餐饮生涯的开始，餐厅取名“明记快餐”，是当地领取餐饮执照第一家。

小店逐渐变大，提供的食物也多了起来，慢慢地做成了一家海鲜酒家。“来吃的都是在单位上班，或者家里有喜庆活动的，普通老百姓日常还是吃肠粉、快餐的多。”

钟伟洪第一次感受到变化是 20 世纪 90 年代初，“香港人多了，台湾人多了，过路客也开始多了”，于是

太钟东海
营业时间：周一至周五
10：00~14：30
17：00~22：00
周六至周日
09：00~15：00
地址：东莞市南城街道鸿福东路民盈·国贸城L5014
电话：0769-26382888
推荐菜品：陈皮茅根粥、鸡油花雕蒸红蟹、麻虾汤竹筒面、点心（虾饺皇、乳鸽、寿桃）

他从广州请来厨师团队，自己也写信拜“粤菜泰斗”黄振华为师。“当时中堂镇餐厅做宴席卖的都是黄皮头、黄沙蚬，太多雷同，我想突破自己，我想做东莞最好的餐厅。”

也是那个时候，他意识到做东莞最好的餐厅，并不等于把所有东莞菜做到登峰造极，而是应在环境设计、服务和出品多重结合后，再引入个别有代表性的东莞菜改良并提升。这才是做东莞顶级餐厅的法则。

对“最好”的渴望和刻入基因的“危机”意识，驱使钟伟洪不断学习。

为了了解后厨的管理，他专程跑到香港的东海酒家拜钟锦大师（香港东海创始人）为师，从打杂做起。为更全面地了解香港不同酒家的经营模式，他又去利苑工作，把培训细节、运作流程、设计理念等一一记录下来：“包括他们的马桶用的什么牌子，我都会记下来，还有他们的设计公司、设计理念、服务状态等。”

“我把每一次去其他餐厅吃饭的体验都当作学习，吃完就在脑袋中梳理一遍刚刚的全部细节，如果有不懂的地方，就找机会拜师去学。”引进国内外高档海鲜选品、做开放式厨房、早茶现点现蒸，这些如今东莞高级餐厅的标配，都是钟伟洪第一个带回来的。

坐在新开的南城国贸五楼太钟东海的包间里，你更能体会到这种无处不在的设计和服务。每一个房间都有属于自己的色调，完美地融合了英伦装饰艺术和中国传统文化，其服务从上菜节奏到菜品介绍，都是超一线城市中高级餐厅的水准。

“东莞这座城市是不断变化的，20 世纪 90 年代是港商和台商的天下，餐厅的环境和服务就更偏重香港人的喜好，如石斑雪蟹啦，进门的海鲜池啦。如今大多食客都有海外背景，或者去过国外，既然我把自己的餐厅定位成东莞最好的国际餐厅，那就要拿国际的标杆来要求自己。”钟伟洪说。

“莞式美学”正在生根发芽

像太钟东海这样用国际审美和更高设计品质要求自己的餐厅，近些年在东莞如雨后春笋般出现。

一直坚持素食主义的李春英，因为在东莞找不到满足自己健康素食理念的餐厅，索性在 2015 年自己开了一家，取名“祈康膳坊”。“我想吃得健康，不只是想吃素。”在她看来，吃素不等于吃得健康，食材新鲜，加上合理搭配才是真正的健康饮食。

为了让餐厅环境最大限度地体现自己对健康的认知，她邀请设计过台北民生诚品书店的台湾著名室内设计师程绍正韬为其设计餐厅环境。也正是程绍正韬独特的视角，让餐厅从外观到内饰，瞬间与东莞其他素食餐厅拉开了距离：随处是飘逸的白纱，原木桌椅上永远摆着新鲜兰花，置身其中还有水雾萦绕……

“我觉得这里是东莞难求的清净之地，”李春英如此评价自己的餐厅，“在繁华城市里有这样一处地方享受美食，整个人都会安静下来。”

同样通过设计美学来拥抱东莞日益国际化的地位的，还有“观想堂 · 和宴”的堂主何江。

祈康膳坊
营业时间：周一至周日
11：00~14：00
17：00~21：00
地址：东莞市东城街道鸿福东路东泰社区黄旗印象6栋C号
电话：0769-23016388
推荐菜品：五谷珍菌拌饭、莲蓉荷花酥、一品藜仙米、菌香拌面

李梦颖　摄

李梦颖　摄

这是一个隐藏在东莞南城西南巷里的文化体验馆，与祈康膳坊一样于2015年开业。“起初并没有给它命名，只是想着有跟观想堂文化体验馆配套的餐饮，但既然做了，就要做得不一样。”何江说。

观想堂·和宴

时间：周一至周日

09：00~22：00

地址：东莞市南城街道国际公馆1街旁西南巷12号

电话：0769-23308100

何江的灵感来自米其林。“不完全是它的菜品，因为米其林已不单是饮食文化，更多的是折射了很多西方美学的东西，折射了他们对品质生活的追求，对匠心的诠释和对食物的尊重。”何江希望做一个可以展示东方美学的餐厅，通过菜品的味道与颜色搭配、用餐的流程和仪式，以及空间美学设计这三个角度，让所有来访者感受到中国文化的独特魅力。

走在今天的南城街道，你很难想象这里10多年前还只是一片荒芜。东莞的发展速度被认为是“世界奇迹”，东莞人也毫无保留地拥抱了这座城市的超声速变革，并在探索与内省、传统与创新之间，走出了一条属于东莞的新餐饮文化之路。

梅姗姗

附录

值得带回家的东莞滋味

《寻味东莞》3集纪录片拍摄了东莞130多种食材和菜式，受时长限制，无法涵盖所有东莞美食。借助本书，我们想继续分享一些没能收录进纪录片里的滋味。每一种美味都有一段属于自己的故事，同样值得你深入品味。

但是，它们都有一个共性：方便当伴手礼带回家，成为东莞之行的独特记忆。

大朗榄酱

大多数生活在岭南的人知道榄角这味调料。盛夏时节，乌榄大批量上市，家里的妈妈、婆婆就会从菜场买回来，用水煮去掉涩味，再切半加盐腌起来；等蒸鱼或者蒸肉时，拿出来剁碎了用。

腌渍好的榄角有一种特别的芳香，香气跟鱼或肉的脂香融合，会给口腔和鼻腔带来意想不到的清爽、新鲜。

但橄榄对于生活在广东以北的人来说，则非常陌生。提到橄榄，你的脑海中第一个冒出来的可能就是标着异国名称的淡绿色橄榄油。其实橄榄是橄榄科植物的大类别，有几十个子品种，广泛生长在热带和亚热带地区。

岭南人习惯买的乌榄是原生于中国、老挝、越南等地的品种。东莞地处北回归线以南的亚热带，拥有适合乌榄生长的水土。

乌榄的习性跟西班牙、希腊的橄榄没有区别，也是幼时嫁接，少说也要六七年才能结果。它结出来的橄榄呈紫黑色，核大且硬，可以生吃，但味道酸涩，因此腌制便成了本地人食用乌榄的首选方法。

在东莞密集生长乌榄的大岭山镇、大朗镇、寮步镇和东坑镇，人们更习惯于把它做成榄酱。生橄榄摘回，温水焯去苦涩味，去核，加盐。本地人习惯把乌榄肉跟盐搓碾成泥，再放入罐中。在东莞人看来，这样可以使乌榄腌得更入味。

要想在大岭山镇、大朗镇一带吃到榄酱炒饭，最简单的方法是直接问餐厅老板。由于榄酱在本地十分常见，做法简单，家家户户都会自己制作，餐厅很少单独拿出当菜吃。虽说菜单上看不到，只要你开口，几乎一定有。油豆角切成碎丁，用猪油炒香，将鸡蛋炒成蛋花，放入隔夜饭，最后放上大半勺榄酱。“榄酱放了就不要放盐了，它很咸，很下饭的。”老板自有一套方法。

用榄酱炒出的米饭，会染上乌榄特有的淡紫色，搭配油豆角的翠绿和鸡蛋的黄，特别好看，端上桌就能闻到独属于榄酱的香气，比新鲜橄榄味道更浓郁、更美味。

如果想要带一瓶回家，大朗镇、东坑镇、大岭山镇一代菜市场卖调味品的摊位都有，大多是农妇自制的。带上一盒，放进冰箱，保存得当的话可以储存很长时间。

寮步豆酱

寮步镇就在大朗镇隔壁。倘若不开车，从大朗镇汽车站打出租车，20 分钟不到就能来到寮步镇中心。相比于榄酱，这里更出名的是一种特别的豆酱。

寮步豆酱上桌的时候，香气总是能引起全场的震撼。它的出场，伴随着浓郁如酒般的香甜，让桌边的食客们精神为之一振。

寮步豆酱为什么会有酒香？传承人陈柱和老师傅解释道，这是因为在酿造豆酱时加了米酒。

20 世纪 50 年代，寮步镇本地家家户户都会自制豆酱。“那时候穷嘛，没什么东西吃，大家都种黄豆，种了以后就收回来，做豆酱下饭吃。”现在是寮步美味副食厂总经理的本地人黄沃灵回忆，“一开始也是蒸黄豆，加盐放进缸里发酵，但是怕发霉，这边很热的，人们就想到加点酒杀菌。那时候用的不是米酒，而是大家种甘蔗榨糖剩下的甘蔗渣酿的土酒。”

制作豆酱的工艺规范化发生在公私合营后成立的寮步副食厂，也是寮步美味副食厂的前身。当时陈柱和老师傅决定在农民各家制作豆酱的配方上进行规范化统一，确定了寮步豆酱的具体发酵时间和工序，也改用米酒代替甘蔗渣来增加香气，最终形成如今的寮步豆酱。

成品的寮步豆酱外观更接近干黄酱，香气却是直逼米酱豆腐乳的复合香型。因为黄豆晒得够到位，酱呈现一种深棕色半干质地。酒香加酱香隔着很远就能闻到。“中国很多白酒都讲究酱香型嘛，其实就是这种香气。”

问起陈柱和老师傅平日在家怎么使用寮步豆酱，他说：“蒸排骨、蒸鱼都可以！炒包菜、炒油豆角也可以，就是需要先用少许花生油或水把酱稀释一下再用，然后，简单加些姜丝就好。记得不要加盐啊，酱很咸的。”

菜谱详见文末。

枣红糯和“东莞三宝”

枣红糯是东莞水乡本地品种，作为一款土种糯米，枣红糯的亩产量只有普通糯米的一半。口味虽然比传统糯米更多了几分回甘和香气，但从经济作物的角度来看，枣红糯在这个时代似乎并没有太多不可替代的价值。

可要是问起东莞人，尤其是水乡片区稍微上了年纪的长辈，提到“枣红糯”三个字，他们便会立刻容光焕发，滔滔不绝讲起它的美好。情感之深，让人既惊讶又动容。

在《东莞日报》工作10多年的记者冯静，深入做过无数采访，但每次提到记者生涯中印象最深的故事，答案依旧是波叔、波嫂的枣红糯。

那是2013年，“其实只是一个普通选题，我们找到高埗镇的波叔、波嫂，那时候他们已经77岁了。采访完我们就准备走了，波嫂突然跑出来，说正准备给我们做枣红糯水”，冯静回忆道。

制作枣红糯水的过程非常费时，2两枣红糯稻谷加3升水一起倒入老瓦罐煲里，用柴火煲慢慢熬煮3个小时直到谷子完全融化。“我们就推辞说不用了，一方面不想让两位老人操劳，另一方面也没觉得这个东西会有什么神奇之处。”

但拗不过波叔、波嫂的盛情，冯静留了下来。两位老人烧柴，取瓦罐，前后忙碌，还执意不让冯静帮忙。在两位老人眼中，枣红糯一定要用这种最传统的方法煲制。

“做好的枣红糯的确不同，是淡粉色的——大概也是得名‘枣红糯’的原因——喝的时候不用加任何东西，喝完身子立刻热了起来，还能发汗，回味是微苦带甘甜的。”

波叔、波嫂种了一辈子稻子。本土的枣红糯于他们，像是根一样的存在，仿佛只要东莞还有枣红糯，它就还是记忆里的那个家乡。

“我后来想，可能他们把我们的出现，当作了传承枣红糯的唯一希望。毕竟当时枣红糯已经几乎没人种了，老人家也不懂网络媒体，就希望通过我们把这个东西告诉更多人。”冯静想起那时的场景还是会感动，“最后他们还把自己珍藏了很多年的枣红糯种子给我，说让我好好保存。”

后来枣红糯也的确如波叔、波嫂所期待的那样，重新在东莞获得了生命力。走在莞城老街的光明市场，只要你留心，都能在街边看见卖枣红糯水的小店铺，制作方法跟波叔、波嫂的一模一样。

如果恰逢秋风起，还能在光明市场看见本地阿姨坐在街边，制作由枣红糯晒干的茎秆“禾秆草”、橄榄和新鲜陈皮共同组成的“东莞三宝”。阿姨们手速飞快地给新会陈皮橘现场剥皮，再在完整的皮里塞上一颗橄榄，最后用禾秆草捆好，和粗盐粒一起放在坛子里腌渍至少两年。

阿姨们相信，若是“有咳嗽、胃痛的小毛病，就可以拿一颗出来煮水，喝完冒个汗就好了”。

这也是东莞迷人的地方：似乎所有的传统都扎根在人们的心里，拥有顽强的生命力。它们或许会因为曾经的快速发展而短暂隐藏在时代背后，但终究会因为人们的心念而重新回来，并找到自己新的生命。

购买指南

大朗榄酱可以在大朗镇、大岭山镇、寮步镇、东坑镇一带的市场里购买。卖油盐调料的区域一般都有自制榄酱。

购买寮步豆酱时认准“寮步美味豆酱”这个品牌，东莞大型商超有售，也可以网购。

枣红糯饮品在光明市场偶尔有售，也可以去位于国贸的“莞娘”，这是一家专营东莞糕点的小店。

食谱

阴菜老鸡汤

原料　老鸡半只

阴菜（阴干 3 年以上）20 克剪短

陈皮 1/3 壳

生姜数片

水适量

01

慢火炖至鸡肉酥烂，食时加盐。

阴菜猪骨汤

原料　猪骨 750 克

阴菜（阴干 3 年以上）20 克剪短

陈皮 1/2 壳

生姜数片

水适量

01

慢火煲至两小时。

阴菜柴鱼粥

原料　柴鱼 1 条

阴菜（阴干 3 年以上）20 克剪短

花生 100 克

生姜数片

花生油少许

米适量

水适量

01

将所有原材料放进锅中，加适量水，煲至成粥。

02

临食前加入一般的可食用性萝卜，切成三角块煮熟。

03

食用时加入少许葱花和盐，风味更佳。

阴菜牛展汤

原料　鲜牛腿肉 250 克

阴菜两三条

黄豆少许

烤姜几片

井水（纯净水）适量

01

准备沙煲，加入适量井水（纯净水）。

02

牛肉飞水后，与其他食材一起投入水中，用文火炖 2 小时以上。

大朗榄酱炒饭

原料　隔夜米饭 1 碗

油豆角（北方也叫四季豆）丁

1 颗鸡蛋（打成蛋花）

榄酱 1/2 茶匙

猪油 1 勺

01

用猪油将油豆角丁爆香，把鸡蛋炒成蛋花。

02

加入隔夜米饭后翻炒均匀。

03

最后加入榄酱，由于榄酱很咸，炒饭时可以不用放盐。

寮步豆酱蒸排骨（五花肉）

原料　寮步豆酱 1 茶匙

五花肉或排骨适量（根据人数而定）

姜丝少许

花生油 1 茶匙

白糖少许

生粉少许

01

将排骨或五花肉用清水洗净晾干备用。

02

把所有配料放入盆中跟五花肉或排骨一起抓匀，腌制 5 分钟。

03

猛火蒸 10~12 分钟，出锅前加入葱花即可。